惊险至

挑战
运动极限

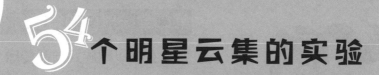

5⁴个明星云集的实验

【美】肖恩·康诺利(Sean Connolly)　著

王祖浩　等译

上海科技教育出版社

目录

第一章　打棒球和球的运动

第二章　射门和得分

第三章　室内运动

第四章　冬季运动

第五章　户外运动

介　绍

“你拿到周六比赛的门票了吗？”

“没有。谁的比赛？”

“核物理学家与化学家！”

这个交流听上去有点荒诞。别闹了——物理学家与化学家比赛？！他们会做些什么呢？难道比赛整理实验室或者叠一堆试管？但是细想下来，你不难发现，即使科学家没有直接参与运动竞技，但却有无数运动员每天在阐释科学。当你挥舞手臂尽力投掷、在溜冰场上溜冰或者在蹦床上翻转的时候，你其实也是在阐释科学。

悠久的传统

无论是挑战地心引力的扣篮，还是体操选手的落地，运动员们一直都在运用科学。如今，有许多运动队和运动员个人会聘请"运动科学家"，从而提高他们的运动表现，改善他们的饮食习惯，或者帮助他们保持体形，而科学总是能够发挥作用。

比如试错法——一种基本的科学手段——就曾经为 3000 年前第一届古希腊奥运会的铁饼投掷者提供了帮助。同时期的跑步运动员已经学会了什么时候冲刺、什么时候调整步伐，即使他们并不知道产生能量的化学反应。

天生的好奇心，加上同样与生俱来的对胜利的渴望，促使人们将科技（科学与工程相遇之处）引入运动的世界。为什么网球有着毛茸茸的外表？特定的推杆如何帮助你掌握在高尔夫果岭上的二推杆？有尾翼的赛车可以跑得更快吗？

关于运动

这本书让你有机会了解数十项运动。运动的世界是广阔的、狂热的。想想你需要多大的勇气才能让自己从滑雪台上跳下，或者在巨大的浪头上做十趾吊？你又该如何获得超人的力量徒手去砍木板，或者如何获得神奇的能力让棒球带着自己的想法落到离本垒 60 英尺 6 英寸①的地方？

而这些仅仅是运动，并不是让你成为超人或巫师。关于运动和体育活动，你日复一日能够做些什么呢？不如尝试一下走绳索？或者学习如何使足球停在你脚前，让你能够射门得分？或者试着弄清楚自行车上的一些齿轮如何帮助你攀过最险峻的坡道？

运动背后的科学

当然，科学提供了理解大多数运动的关键，从日常生活中的事物，到让你有如下想法的行为："他们这么做是不是疯了?!"在接下来的内容中，你将会发现对于每一个弹、跳、转身和万福玛丽传球的科学解释。你将会高兴地看到，动量、质心、牛顿运动定律和摩擦力等课堂上学到的术语，都在运动中发挥了重要的作用。

另外，有些术语你会第一次遇到：你认为赛车或高尔夫运动中有转动惯量吗？静摩擦能够解释蹦床的弹力吗？为什么你需要给滑雪板上蜡？不久你就会找到答案的。

这本书中的解释和让你自己完成的实验不只是帮助你学习某项运动中的科学秘密，它们也展示了这些科学原理是如何将一项运动与其他运动联系起来的。你是否想象过，研究棒球中的指关节球是如何运动的可以帮助你在足球运动中踢任意球？或者是研究花样滑冰的动作能够帮助你在跳台滑雪中获得足够的空气阻力？当你阅读本书时，将会发现数十个这样的例子。

如何使用本书

每一个条目关注一项运动——或者更精确地说，是关注赋予该运

---

① 1 英尺 =0.3048 米，1 英寸 =2.54 厘米。

动特色与激情的科学。这些条目按照其共有的特征被分成了 7 个章节。这些特征是宽泛的，比如进行运动的时间、地点（如"冬季运动""室内运动"），或者关注于运动是如何完成的（如"射门和得分""球拍、球杆和球"）。

在谈及运动中的科学之前，每个条目会指出是什么使得某种特定的运动如此酷炫。想要更好地掌握科学，还有什么是比做实验更有效的方式呢？各章节都会引出一些实验，实验开始前会告诉你需要花费多少时间。你会发现有许多快速实验，在几分钟之内就可以给你答案。另一些实验将需要更长的时间来揭示它们的秘密，但是绝对值得你等待。

实验可以分成下列几个部分：

清单

这是实施实验所需要的材料及助手列表。不用担心——你一定能够在家里（有时候在公园里）找到几乎所有东西。

玩一玩

这里是整个实验的具体细节。按照带编号的一步一步的指导，你将会完成整个实验过程。

温馨提示

对于实验的特殊建议（有时候是安全提示）。

慢动作回放

有关实验重点的科学解释，以及与该条目的运动相关的提示。

结语

在你读完这本书之后，你可能不会被聘用为科罗拉多州丹佛野马队的新成员，哈佛也需要为科学教育的职位面试其他几位候选人。但是你应该会更加欣赏你喜爱的运动和科学。当你出去玩的时候，没有人需要告诉你玩得开心，但是你能否想象听到你的妈妈这样喊："我已经告诉你5遍了！不要再谈什么科学了——这是晚餐时间！"

好吧，谁知道呢？在你开始看这本书以后，你可能会听到这句话。

致我的家人
——以及所有热爱运动的科学家

这本书的诞生过程充满了爱，而且就像大多数运动（还有科学）成就一样，它是团队努力的结果。我的家人在我写这本书的过程中始终给予我支持与信任，并在我有需要的时候，主动扮演运动伙伴、捕手、教练和队友等角色。

在这里，我想要感谢在纽约帮助我将有趣的故事转化成可以出版的书籍的人们，尤其是我的经纪人，莱文·格林伯格·罗斯坦文学社的莱文（Jim Levine）。同样，我有幸与工人出版公司的两位"丹尼"合作：丹尼尔·纳耶里（Daniel Nayeri），儿童出版部的主管，感谢他在最初阶段对本项目提供的启发；编辑丹尼·库珀（Danny Cooper），感谢他辛勤与热忱的编辑工作、他的耐心，以及富有实用性的建议。制图者史密斯（Galen Smith）和技术编辑莱维（Beth Levy）也非常勤奋并充满了创造力。

此外，我还要感谢下列人员与组织所提供的启发与帮助：伯克希尔影视公司（Bershire Film & Video）、奇科蒂（Frank Ciccotti）、埃特（Gregory Etter）、霍夫曼（Gary Hoffman）、斯库尔（Kingswood School）、莱登博士（Dr. Peter Lydon）、M.I.T. 的教育研究项目、劳赫（Robert Rauch）、里利（Peter Rielly）、斯庞（Jennifer Spohn），以及斯特尔（Elizabeth Stell）。

第一章

打棒球和球的运动

有关运动的这本书，要以大家都热爱的棒球（以及与棒球相近的垒球和威浮球）开始，还有比这更好的主意吗？你所在的位置会不会被人吼"从这里出去"？或许你正处于"挥棒，没接住"的状态？无论怎样，都有大量科学在起作用，尤其是当你正努力地分析为什么一次投球中由你发球，而另一个球做曲线运动，在你的右边落入了捕手的手中。

你可能会看到这些运动背后的科学原理再次以略微不同的形式出现在本书后面。你最好马上开始将这些科学与运动结合起来，即使你可能已经玩了很长时间。那样的话，你可能会发现你不必处理那么多的指关节球……但我们不能保证。

指关节球是如何运动的

　　你站在球场上，手握球棒，眼睛看着投手投过来的球。你应该有足够的时间把球打飞，你开始挥动球棒……在球棒接触到球之前的一刹那，球却偏向了球棒左边 5 英寸的距离。击球失败！接着又有两个球投过来，又是两次击球失败。真不幸！你刚好赶上了棒球中魔鬼式的投球——指关节球。曲线球走曲线，下坠球往下坠，快球动得快……只有指关节球无法被预测。指关节球似乎会倾斜、摆动、停转，而且没有两个指关节球是以同样的方式运行的。此外，它们看上去比在花生酱中爬行的一群蜗牛还慢。这是怎么回事呢？

没有旋转

指关节球看上去像有它自己的想法，有此特点的球类运动并不只有棒球。扣杀排球、投保龄球都能够以机智取胜，因为这些球的运动都不稳定。西班牙皇家马德里足球俱乐部的明星前锋C罗（Cristiano Ronaldo）经常踢出这样的任意球：球越过防守方的人墙后，突然急转进入球网。他为这种独门利器取了什么名字吗？

科学家对于指关节球已经有了基本认识——缺乏自旋使得这种球的飞行难以预测。但是它为什么会这样，仍然是物理实验室要研究的问题。在厨房里做一个简单的实验，你就能够明白让指关节球变得这么诡异的原因。

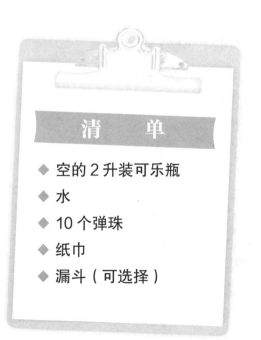

清　单

◆ 空的2升装可乐瓶
◆ 水
◆ 10个弹珠
◆ 纸巾
◆ 漏斗（可选择）

玩 一 玩

1 在瓶子中加满水，将它放在桌子或柜子上。

2 找一个位置舒服地蹲着或坐着，让视线能够与瓶子保持水平。

3 拿出一颗弹珠，用食指和拇指捏住，把它直接放在瓶口，使它几乎能够碰到水。

4 松开弹珠，确保它离手时不会旋转。

5 观察弹珠的下沉路径。

6 用其他弹珠重复步骤 3 至 5。你能使 3 颗弹珠连续以同样的路径下落吗？

温馨提示

在整个实验过程中，应确保水面刚好与瓶口齐平，那么当弹珠落入水中时就不会旋转。如果水面降低，应及时加水至瓶口，并用纸巾擦拭瓶口边缘。

慢动作回放

在这个实验中，你将观察到一个基础的科学原理：在气体和液体中，许多力的表现是相似的。指关节球在空气（气体）中飞行和弹珠在水（液体）中运动的路径是相似的。你可以看到，没有两个弹珠的下降路径是相同的，就像没有两个指关节球的投掷路径是一样的。一个旋转的球（曲线球、快球或其他投球）通过空气到达另一端，这种方式在球前形成阻力——这个力使得球向前运动的速度减慢——最终让球稳定地运动着。没有旋转的指关节球也是这样通过空气运动的，它的路径取决于微小的阻力变化。因为没有一致的阻力，所以球的运动是没有规律的。有时，它可能会去到你期望的地方，但不要抱太大希望，我的强击手。

相关运动：棒球	花费时间：45 分钟

投手为什么将一条腿抬得那么高

"开始挥臂……投球……三分！"

无论是世界大赛的第七场，还是小联盟赛季的开场日，这些话语都描述了棒球比赛中那些令人紧张的、戏剧性的时刻。更令人激动的是，看着投手身体向后倾斜，前腿收缩抬起，然后发出那个快球。你可能没有意识到，每一次投球，投手都是在对扭矩这一科学原理进行演示。扭矩提供了动力，这种施加在物体上的力促使物体运动，比如一个速度达到每小时 95 英里[①]的快球。

① 1 英里 ≈ 1.609 千米。

老式快球

让我们将目光从职业棒球大联盟的快球转移到"老式快球"。你要建造一架微型投石机,并测试它的机械投掷手臂。中世纪时,这种投石机让城堡的防御者怕得要命。士兵们用重石、死亡或患病的动物、甚至燃烧的火球进攻城堡。让很重的物体到达这么远的距离需要很大的力量。这个实验将向你展示,进攻者如何最大限度地使用他们的力量。

真实的投石机高30英尺,可以将300磅的石头投到300码远的地方[1]。你的微型投石机运用的是同样的扭矩和动量的原理,它也揭示了伸展的腿是如何帮助棒球投手的。

清　单

◆ 尺
◆ 牢固的纸板（来自大纸箱）
◆ 剪刀
◆ 削尖的铅笔

◆ 2 根强力皮筋
◆ 胶水
◆ 胶带
◆ 塑料勺
◆ 乒乓球或揉成团的纸巾

---

① 1 磅 ≈ 454 克,1 码 =0.9144 米。

1 测量并裁剪出两张纸板：一张6英寸×6英寸（用于基座），一张2英寸×6英寸（用于发射台）。

2 将用于发射台的纸对折，使每半面的尺寸是2英寸×3英寸。

3 用铅笔在发射台的每个面中间戳一个孔。

4 将发射台一边与基座的一边对齐，居中放置。

5 在发射台孔下面的基座上直接做标记，然后也打一个孔。

6 将一根强力皮筋剪断，在一端打一个结。

7 将皮筋穿过基座和发射台的孔。（发射台的边缘仍然与基座边缘保持对齐，张开的两边朝内。）

8 将皮筋的另一端打结，使松弛状态下两个结之间的距离有1英寸。

9 用两条胶带将发射台的下层粘在基座上。

10 展开发射台，将塑料勺粘在上层。勺子要能够与充当铰链作用的发射台的上层一起运动。因此，你需要给发射台留下一点运动空间。

11 现在你可以准备开火了。按住基座，将勺子往后拉，把乒乓球（或揉成团的纸巾）放在勺子上，发射。

12 发射几次，算出发射的平均距离，然后剪断皮筋并拿走。

13 将另一根强力皮筋剪断、打结并穿过孔（正如你在第 6 步到第 8 步所做的），但是这一次两个结之间的距离要缩短。

14 再发射几次，比较两者的发射距离。

温馨提示

　　让你的朋友按住基座，你来装载乒乓球并发射会更加容易。注意：不能用燃烧的火球。

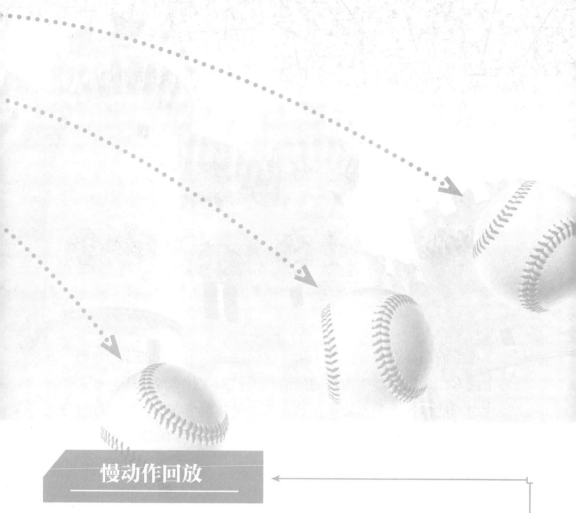

慢动作回放

在挥臂投球的过程中，投手扭曲身体、将腿抬高以凝聚力量，并将力量转移到投球的那条手臂上。当腿摆下的时候，力量被转移到上身和手臂。那个时刻，增加的动量就成了运动的力。

在实验中收紧强力皮筋，将更多的力量施加在投石机的投掷臂（塑料勺）上，就相当于通过摆腿将额外的力量施加到投手的投掷中。牛顿给出了这样一个定律：力是由质量 × 加速度得到的，即 $F = m \times a$。投手的挥臂投球就像是收紧强力皮筋，可以增加合力（F）。合力增大，棒球或乒乓球的质量保持不变，那么加速度必定会增加。更大的加速度意味着球能飞得更快，飞得更远。

当投手"修理"棒球时会发生什么

投手们都喜欢舔自己的手指。这仅仅是一个紧张的小动作吗？或者上面有昨天吃的炒牛肉酱的残渣？还是其他什么原因呢？有关棒球投手对球能做什么和不能做什么，规则是非常清楚的，比如在投球之前他们一定要在衣服上擦干手指。从 20 世纪 20 年代起，改动（修理）

棒球以使投出的球不规则地、无法预料地飞行的行为就是违法的。但投手们尝试了多种方式来制造"唾沫球"，比如在球上涂松焦油、油脂、烟液（真恶心！），甚至在球上刻凹痕、让球磨损。投手为什么要这么阴暗，冒着危险来"修理"棒球呢？被"修理"过的棒球又有什么不同呢？

"冒烟"的快球

当旋转的棒球推开空气移动时，大多数投球会形成一条略微弯曲的路径。但是球表面任何的不平整或坑洼都会影响它的飞行。被修理过的球开始时像正常的球一样旋转，当其不规则的表面穿过空气时就会形成湍流。或许你已经经历过飞机遇到空气中的湍流时所发生的颠簸了。这个实验运用了与风洞相似的技术。风洞可以让空气穿过汽车或飞机，工程师在那里测试汽车和飞机穿过空气时是如何受影响的。在这个实验里，你要使用上升的烟雾来显示物体前行所形成的湍流。

清　单

■ 有气味的燃烧棒（如香）
■ 安全火柴
■ 钢笔或铅笔
■ 一位成年人

玩 一 玩

1 找一个你能够观察烟雾的地点，比如一整面有颜色的墙（上面没有图案）。

2 请一位成年人点燃有气味的燃烧棒。（如果没有燃烧棒，可以点燃火柴并吹灭。）

3 确保在墙前面的燃烧棒是直立的，并远离通风口。

温馨提示

确保有一位成年人帮助处理燃烧棒或火柴。如果找不到燃烧棒，你可以用吹灭的冒着烟的安全火柴代替。在壁炉中使用的长火柴比一般的火柴冒烟时间更长。

④ 观察笔直冒起的烟雾，直到这些烟雾上升几英寸后扩散开来。

⑤ 将钢笔或铅笔的一端放到烟雾前几英寸的地方。

⑥ 观察烟雾经过笔时产生的现象。

⑦ 如果你用的不是燃烧棒而是火柴，重复步骤 2 至 6，再次进行观察。

慢动作回放

气体或液体的直线运动称为层流。上升的烟雾，或者打开水龙头放出的水都是层流。当流动被阻碍，流向不同的方向，就变成了湍流。有时湍流会重新合在一起，重新变得混乱不堪。我们要关注的是这种运动的不可预测性。上升的烟雾是一种层流，但当它遇到铅笔或钢笔时就变成了湍流。

这个实验是被修理过的棒球在穿过空气飞向本垒的过程中产生湍流并进行难以预测的运动的可视化展示。你可以看到它旋转、跳跃，并短暂地回到原有的路径。

相关运动：垒球	花费时间：30 分钟

"最佳击球位置" 在哪里

垒球赛季的第一次击球十分重要，完美的投球正在向你飞来。你摆好击球的姿势，准备挥棒……哎呀！出界。你扔下球棒，你的手不能握住东西。是遭受了电击吗？发生了什么？

看上去好像是你错过了"最佳击球位置"，就是当你的球棒接触到球时感觉还"不错"的那个点位。

不仅仅是垒球棒和棒球棒有最佳击球位置，网球和壁球的球拍、高尔夫球杆，以及其他任何可以击球的东西，都有一个最佳击球位置。这完全是弹性的问题。"弹性"并不是你在教室里弹出去的橡皮筋，它是物理学中的一个重要概念。

良好的振动

在物理学术语中，球撞到球棒上被看作碰撞，它是"物体间的一种接触，使得每一方将力施加给另一方，造成能量或动量的交换。"能量的交换是最佳击球位置的关键点。弹性碰撞发生时，动能（运动的能量）发生了转移。非弹性碰撞则吸收了部分或全部的动能，并将其转化成其他形式的能量，比如热能、声音，或者是让你的手感到刺痛的不幸情况下，转化为振动。球没有接触到仅几英寸长的最佳击球位置，所以你经历了一次非弹性碰撞。最佳击球位置是发生刚性接触（没有振动）、击球感觉良好的部位，且在动能作用下，让球能够越过外野栅栏。弹性碰撞和非弹性碰撞在许多运动中都发挥了重要的作用。你可以通过将一些你熟悉的东西叠起来，尝试了解碰撞。

清 单

◆ 剪刀

◆ 大纸箱（侧面至少有2平方英尺）

◆ 砖墙或木栅栏

◆ 网球

◆ 水桶

◆ 水

1 将纸箱四个垂直的面裁剪下来，从而得到四张长方形或正方形纸板。

2 将四张纸板叠在一起，（竖直地）靠着砖墙或木栅栏。

3 站在距离纸板约 10 英尺的地方，把球以中速扔向纸板。记录球反弹回来的距离。

温馨提示

　　确保你实施这些实验时不会造成混乱或打扰到别人。出于一定的原因，你要以中速投出球。

4 取走一张纸板，重新叠放好，重复步骤 3。

5 继续取走纸板，直到只剩下最后一张。

6 现在将球以相同的速度投向墙面或木栅栏，再次观察球反弹的距离。

7 在水桶中装满水，将球从 10 英尺高的地方投进去，观察发生了什么。

慢动作回放

这个实验是弹性碰撞和非弹性碰撞的很好展示。还记得那次你的手被刺痛，而球从球棒边滑走的情形吗？恭喜你——你正在阐释一种非弹性碰撞。球和球棒的动能转化成振动，转移到了你的手上。

你应该能够判断在这个实验中每个物体的弹性碰撞和非弹性碰撞是怎样的。尤其是，在你将纸板一张一张拿走的过程中，你学到了什么？当球落到水面上时，发生的是弹性碰撞还是非弹性碰撞？

相关运动：威浮球	花费时间：15 分钟

为什么威浮球难以被击到

棒球和垒球当然都少不了狠狠击球，但是威浮球却不一样。这项运动很容易组织（不能为每个队找到 9 名队员？没问题！），你在任

何地方都可以好好玩，你用的塑料球也不会打破窗户。但是在这些现象背后隐藏着一个科学秘密。我们都知道这种球很难被击到。好吧，它的黄色球棒只有路易斯威尔球棒的一半宽度，球以每小时 40 英里的速度向你飞来，比职业联盟成员每天要面对的"头部近身球"的一半速度还慢。但是困难似乎源自，球一旦被投出，其飞行路线非常疯狂。忘掉投手的竞争吧，我们正在谈论的是投手有多残酷！

流体输送

威浮球令人难以捉摸的投球的关键可以用一门科学来解释，它是物理学的特殊分支，叫作流体动力学，研究的是关于流体的力学和施加在流体上的力。但是有一些东西需要记住："流体"并不只是液体，它们也包含气体。因此，当我们谈论威浮球通过空气（气体）的路径时，我们实际上是在谈论其通过流体经过的路径。威浮球路径中的转弯和下沉与棒球或足球在空气中的运动轨迹相似。但是球内部的那些孔，以及球内部气体的运动，导致了所有的差别，正如你即将看到的这个简单演示。

清　单

◆ 剪刀
◆ 胶布
◆ 威浮球
◆ 帮忙的朋友

1 剪下两段长胶布，缠在球的周围，使得所有的孔都被覆盖住。

2 请一位朋友当捕手，站在离你 15 步远的地方。

3 投 10 次球，其中一些是曲线球（在扔出球的瞬间让你投球的手向左或向右摆动）。

4 判断你控制投球的难易程度，以及捕手追踪这些球的难易程度。

5 现在将胶布撕去，露出球孔。

6 重复步骤 3 和 4。

7 第二轮投球应该会展现出更多的运动状态。

这个实验需要一定的空间，请在户外进行。

慢动作回放

缠上胶布的威浮球，其运动与正常的球相似。这里有两个因素在起作用。第一个因素是，在空气中飞行时，球通常会旋转，产生马格纳斯效应。那意味着一些空气附着在球的表面，并伴随着球一起旋转。摩擦力减缓了气体的运动，意味着球体另一边的空气移动得更快。这导致了第二个因素，叫作伯努利原理。它告诉我们流体（在这里是指空气）在获得速度的同时会减小压力。因此，球体移动较快的一边的空气压强比移动较慢的一边的空气压强小，球被推向压强更小的一边。这就是曲线球会偏离主路线的原因。对所有"正常"的球，以及缠上胶布的威浮球都是如此。但是一旦让那些麻烦的小孔发挥作用，球的运动就难以预料了。因为球内部的气体在涡旋中打转。依据威浮球的速度，这些涡旋能够让球的直线运动瞬间加强或者暂时消失。

第二章

射门和得分

如果你正在为了争取射门或触地得分而跑满全场，同时还要躲避十几名沿途拦截的对手，你可能需要一些帮助。幸运的是，一些熟悉的家用材料就可以帮助到你，这一切都以科学的名义出现。

你甚至可以使用 DVD 盘片来学习如何投出制胜的万福玛丽传球，或是用高尔夫球来解释为什么线锋都长得那么壮实。第 49 届超级碗比赛的冠军在大赛结束后打开一瓶香槟来庆祝——支美国职业橄榄球大联盟的球队是怎么靠摆弄橄榄球走进超级碗的，他们为什么不使用另一种庆典用品（比如气球）？

一名笨重的橄榄球线锋可以阻止前进中的跑卫，但是一名瘦长的足球中场队员可以让运动的足球轻轻落在她的脚前……这都是科学？是的，运动的球（或人）都遵循相同的科学原理。顽皮的网棒球，那个似乎是流星和火焰喷射器合体的家伙也适用吗？是的。你会在最意想不到的地方了解它是怎样发生的：附近的活动场所。

为什么要以螺旋式向前传球

现在是 3 档 10（第三次进攻，还要推进 10 码），你们在己方的 22 码线，但是时间快耗尽了，你的球队还落后 5 分。只能够通过万福玛丽传球来获得胜利了！四分卫后退，躲开两名截锋，不知用什么方式送出了一个急速旋转的传球，越过了所有人——除了那位明星接球手。他抓住球，冲刺到终点，触地得分（6 分），赢得了一场辉煌的胜利。这奇迹般的一幕全都取决于运气——躲开截锋，防守方出现空档，四分卫抓住了机会，只有一样东西例外：每个人都认为应当以螺旋式投掷橄榄球。是什么让螺旋式成为理想的橄榄球推进方式？毕竟，棒球投手有一系列投球和抓握球棒的方式。这不是什么高深的科学，对吧？

测试旋转

事实上，有一些高深的科学可以解释为什么螺旋式传球效果会这么好。与火箭、飞机和汽车一样，橄榄球也需要克服阻力，它是当球向前飞行时遇到空气的阻碍造成的。那就是像火箭和战斗机之类超级快的事物都有着流线型设计的原因，尖尖的头部可以更容易地穿过空气。橄榄球有两个尖尖的末端，每一端都可以起到火箭鼻锥的作用，最大限度地减小阻力。但是橄榄球如何能在整个飞行过程中保持那样的姿势而不发生翻滚呢？向你介绍四分卫最好的朋友：角动量，即描述旋转物体运动的量。角动量使得物体绕着某根轴旋转，轴线保持在相同的方向上。（这也是你骑自行车时能保持直立的原因——旋转车轮的角动量使得车轮保持直立。降低速度，角动量减小，自行车就会翻倒。）只要橄榄球在旋转，穿过空气时它的鼻锥就在减小阻力。这个实验在短时间内对角动量进行了演示。把笔想象成旋转轴（就像是连接橄榄球两端的线）。

清　单

◆ 圆珠笔

◆ 大桌子或光滑的地面

◆ 油灰

◆ DVD 盘片（或蓝光光盘、CD 盘片、电子游戏光盘）

1 将圆珠笔竖直放置，笔尖接触桌子或地面。

2 将你的手指快速一拧，让笔开始旋转，就像你要转动一个小陀螺那样。

3 笔几乎马上就翻倒了。

4 捏软一小团油灰（一颗葡萄大小），将其缠绕在距笔尖1英寸的地方。

温馨提示

动作片、动画片、科幻片，这些盘片都可以用，但是不要使用别人珍藏的新 DVD 盘片。

5 握着笔尖与油灰之间的地方，将DVD盘片从笔的另一端滑落。

6 将DVD盘片按到油灰上，使它水平固定。

7 重复步骤1和2——笔应该会转上一阵子并保持竖直。

慢动作回放

角动量取决于三个因素——质量、速度和物体的半径。半径是指圆（比如DVD盘片）的中心到边缘的距离。圆珠笔本身的半径太小了，以至于无法产生较大的角动量。你不能很方便地增大它的质量（使它变得更重）或速度（使它转得更快），但是你能够加一张DVD盘片来增加它的半径。

橄榄球有比圆珠笔更大的质量和长得多的半径，四分卫通过练习可以在投掷时创造良好的旋转速度。所有这一切增加了角动量，使得橄榄球尖端始终朝向前方并减小了阻力。触地得分！

为什么线锋都那么壮实

进攻线上有五名成员：一名中锋、两名护锋、两名截锋，担负两项主要职责。在跑位时，他们要在对方防线上创造空档，使得己方跑手可以突围。在传球时，他们要防止己方四分卫被擒抱。防守线的四名成员所做的与他们的进攻线成员正好相反：堵住空隙防止对方跑手通过，干扰或对付对方四分卫。但是两条线上队员（线锋）的共同点还是很多的。他们都很壮实——非常强壮。线锋既壮实又高大，通常不如其他运动员灵活。为什么这样的人适合这样的工作，这里头有科学原因吗？较瘦小（可能更敏捷）的人可以胜任这样的工作吗？

守住那条线

牛顿爵士，300多年前出生于英格兰的天才物理学家，可能并不知道某个啦啦队长所说的跑卫是谁，但是他会告诉你为什么线锋总是那么壮实，更精确地说，应该是"魁伟"。牛顿在1686年发表了三大运动定律，他指出了质量起到的重要作用。牛顿第二定律表明，力(F)是质量（m）乘以加速度（a）得到的。或者，用它经常出现的方程形式表示为：$F = m \times a$。线锋需要很大的力去完成他们的工作，所以如果他们本身的质量很大，那么他们所产生的力也会很大。此外，加速度是速度的变量。如果你将质量（m）与速度（v）相乘，你将得到动量（通常记为p），即 $p = m \times v$。动量经常被描述成"运动中的力量"，它正是线锋所需要的。他们不是高速驾车者，而且他们靠近球排成一线，所以a和v都不会变得太大。但是要击溃或抵抗住对方，他们需要大量的动量。在接下来的实验中，你需要处理动量。

清 单

◆ 光滑的板或硬塑料片（大约1英寸×3英寸）
◆ 精装书（大约160页）相同尺寸的10本平装书（每本大约200页）
◆ 高尔夫球
◆ 棒球

1 将板平放在平坦的表面,例如桌子或地板上。

2 将精装书竖直地放置在板的一端,书脊朝上。

3 将一本平装书平放在板另一端的下面,从而制造出一个滑向精装书的小斜坡。

温馨提示

　　如果你第一次选的书不能被撞倒的话,试着选一本更小（更轻）的精装书。

④ 将高尔夫球放在平装书上方，让球滚向另一端。

⑤ 如果精装书没被撞倒，将第二本平装书放在板的下面，重复步骤4。

⑥ 继续增加平装书（使得斜坡更陡），直到高尔夫球撞倒精装书。

⑦ 用棒球代替高尔夫球，重复步骤2至6。

慢动作回放

棒球重约150克，高尔夫球重约50克。最终，两种球都获得了足够的动量撞倒精装本，但是它们有着不同的质量与速度的组合。对于高尔夫球，你需要更大的坡度（增加速度）才能完成。棒球质量是高尔夫球质量的3倍，只需要小得多的速度。

想一想线锋列队的位置。他们尽可能地靠近球，所以他们不需要太大的速度来完成行动。就像是这个实验中的棒球，依靠的是自身的质量。

相关运动：橄榄球	花费时间：90 分钟

为什么四分卫 会给橄榄球放气

在激动人心的比赛中赢得第 49 届超级碗之前，新英格兰爱国者队先在 2015 年 1 月 19 日的美国橄榄球联合会冠军赛上对阵印第安纳波利斯小马队。但是上半场小马队的一次拦截开启了"放气门"丑闻。明星线卫杰克逊拦截了爱国者队四分卫布雷迪的传球后，小马队的一名设备经理接住了球，他觉得球好像漏气了。然后他称了称球，发现它小于美国职业橄榄球大联盟官方要求的比赛用球最小压强 12.5 psi（磅每平方英寸）。

但是为什么有球队会"违反规则"，减小橄榄球内部的压强？如果一支球队故意这么做的话，是否值得人们大惊小怪？你可以用科学家所用的实证研究（通过观察和做记录）来检验这一问题。

只是一些冷空气吗

美国职业橄榄球大联盟的规则明确指出，比赛用球必须充气至12.5~13.5 psi。给橄榄球打气就像是给自行车轮胎打气一样，当压强增大的时候，它会变得更大更坚硬。没有充足气的橄榄球更容易抓握，有利于投掷、捕获、防止漏球。所以你能够明白为什么一支球队会尝试给 12 个分配给己方的球不充足气。但是事情并没有这么简单——空气，就像其他任何气体一样，其压强会随着环境温度的改变而变化。你将有机会观察到下面这个实验中神秘的"放气"例子的两个方面。

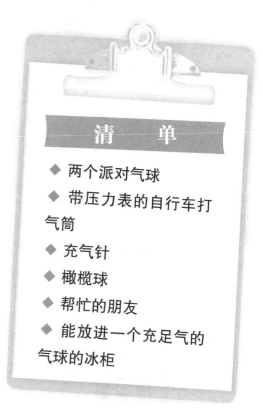

清　单

◆ 两个派对气球
◆ 带压力表的自行车打气筒
◆ 充气针
◆ 橄榄球
◆ 帮忙的朋友
◆ 能放进一个充足气的气球的冰柜

玩 一 玩

1 给两个气球充气，打上结，将其中一个放在冰柜里（另一个放在附近），看好时间。

2 用打气筒和充气针给橄榄球充气至 13.5 psi。

3 让你的朋友站在 20 步远的地方。

4 彼此间传球 5 次，记录捕获球的次数。

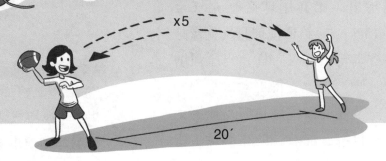

x5

20′

温馨提示

如果找不到帮你传球的朋友，你可以在树枝上挂一块布作为目标。中间不要有遮挡。

5 插入充气针放出一些空气，测量压强，使其达到 13 psi。（如果你放出空气太多，就再充入一些空气）。

6 重复步骤 3 和 4。

7 每次减压 0.5 psi 并重复步骤 3 和 4，直到压强降到 10 psi。

8 记录球可以被最好控制和最完美传递时的压强。

9 一个小时之后，取出冰柜中的那个气球。

10 比较两个气球的大小。

慢动作回放

科学家会将这个实验过程视为实证研究，因为它依赖于动手观察。你需要自己判断一个充气不足的橄榄球是否更容易投掷、捕获、抓握。当然，我们并不是在谈爱国者队犯了什么错。

那两个气球又是怎么回事呢？在冰柜中放置一个小时的气球可能会变小一点。那是因为当环境温度下降时，气体（比如气球中的空气）就会收缩。一些爱国者队的球迷很快指出，在 1 月份的寒冷的新英格兰，充入室温气体的橄榄球放在室外几个小时，导致压强减小了。你可以得出你自己的结论……

如何截停足球

你站在球门区外，等待着从远处发来的角球。你知道自己的角色——接住飞过来的角球，把球控制在脚下，射门或者传给队友。这个运动是足球。球高高飞起，越过守门员沿着有点弯曲的线路飞向你。现在是两脚出球的关键时刻——哈利路亚，就是这里！只是……足球从你的脚上反弹出去，滚到防守方队员脚下，他将球踢到前场解了围。你做对了一切，除了第一次接触球的时候没有控制住它。哪里出问题了？卡莉·劳埃德每次停球的时候怎么会如此轻松？克林特·丹普西怎么会一次又一次地成功控球？或许找出答案的最简单方式是使用你身体的一部分——你的手，而那在足球运动中是犯规的。

"守恒"问题

如果你仔细观察一名足球运动员截住足球，让球停在脚下，你会看到她在接触到球之前的瞬间将脚往回收。无论她是否清楚，她正在运用动量守恒定律。在方程式 $p = m \times v$ 中，"p"代表动量，"m"代表质量，"v"代表速度。球带着全部的动量飞向球员。"守恒"意味着动量不会被损耗，只会转移到其他事物——球员的脚上。这个实验演示了动量守恒，但是用的是你的手而不是你的脚。你应该能够很快掌握诀窍，但是换成鸡蛋你还有自信完成它吗？

清　单

- ◆ 帮忙的朋友
- ◆ 网球
- ◆ 室外楼梯
- ◆ 鸡蛋（可选择）

1 让你的朋友抓住网球，停留在你张开的手上方两英尺处。

2 让球落下，在你接触到球之前的瞬间放低你的手。

温馨提示

在用网球练习多次之后，相信你可以安全地接住鸡蛋。但是以防万一，请找一个容易打扫的地方做实验。

3 尝试几次，直到你能自信地接住球。

4 请你的朋友向楼梯上走一级，然后重复步骤 1 至 3。

5 请她继续向楼梯上走，每次走一级，然后停下来让球落下。

6 当她走到第八步的时候，让她把网球换成鸡蛋——如果你敢尝试的话。

慢动作回放

动量的变化被称为冲量，或施加在物体上的冲力乘以碰撞发生的时间。如果冲力很大，作用时间就会很短。截停足球时，这一切在球的前端发生。将脚往回收，球员就增加了碰撞发生的时间。有了更多的时间，冲力就变小了，那就意味着足球从你的脚上反弹出去的机会也变小了。

你可以在你身边找到这一原理的许多例子。想一想操场上那些柔软的橡胶表面，尤其是在靠近攀登架、秋千和其他孩子可能掉落的地方。增加碰撞发生时间可以减小冲力，也降低了受伤的可能性。

相关运动：网棒球	花费时间：5分钟

为什么网棒球的射球如此有威力

网棒球是一项古老的运动。事实上，它是北美最古老的传统运动，可追溯到几个世纪前的第一批法国移民，以及在他们之前的当地印第安人。网棒球不是一项温和、乏味的运动，运动员一次通常的射球，其速度比职业棒球大联盟的快球还要快10%，并能让球飞出棒球场一

小心了，自以为是的家伙！

半远的距离。是什么力量驱动了这些剧烈射球，使球的移动速度能达到每小时 100 英里？答案取决于一些简单的科学性质，它们结合在一起提供了冲力。你可以从本书最简单的实验之一中体验这些"来自内部"的性质。

获得旋转

首先，网棒球球杆为你的投球加了速。当你投球时，你的手臂起到了杠杆的作用（事实上有两组杠杆：肩膀—肘部，肘部—手腕）。每一组杠杆都会增加扭矩（转动力矩），而球杆是第三组杠杆。这套杠杆组合能让球飞出去，即使球员站着不动，只是将球杆从他的头顶上方摆下。然而，球员还会将身体向后扭，产生角动量，或者说让球有了产生旋转的趋势。别忘了，动量是质量乘以速度，这个扭转使球杆产生了动量。下面轮到球员出场了，他在射球前的瞬间拼命奔跑，将普通的一击变成真正的火箭发射。你可以前往附近的活动场所了解其中的原因。

清　单

◆ 活动场所的旋转盘

1 找一处有旋转盘的活动场所（自己推着走的那种旋转盘，而不是旋转木马）。

2 推动旋转盘，确保它可以旋转。

3 确保旋转盘上面没有人，然后往回走 20 步。

温馨提示

　　一定要确保活动场所的地面是柔软的，可以是橡胶、沥青或沙子，以防自己摔倒受伤。做这个实验要求很专心。

4 以半速跑过去，跳上旋转盘，紧紧抓住它。记录你旋转了多少圈。

5 重复步骤4，每一次跑动都递增你的速度，直至达到全速。

慢动作回放

当网棒球选手打出剧烈的射球时，他们并不是站得笔直的。他们以全速向前奔跑，积聚线性（直线）动量；同时将球杆缠在身后，积聚角动量。然后他们突然停下，放下前脚。全部的线性动量转化成了角动量，火箭射球就是耀眼的结果。

你正在做相似的事情。当你跑向旋转盘时，积聚了线性动量；当你跳上去的时候，你将线性动量转化成了角动量。记住动量是质量×速度的结果。除非在你跑过去的中途突然决定吃点东西，否则你的质量（粗略地说，你的体重）在整个过程中是不变的。但是每一次跑动，你的速度都在增加，这增加了动量。因此，你跑得越快，旋转的次数就会越多。

第三章

室内运动

想一想你在有遮掩的地方可以进行的运动。不是"隐蔽活动"，那是侦探或间谍干的（尽管看着他们捉弄对手很带劲），我们要讨论的是在室内进行的运动。当你想到它时，会发现其范围十分宽泛。

在这个奇妙的运动领域，似乎有许多魔术被运用进来。你如何解释一名篮球运动员让自己悬停在半空中，然后以最为神奇的方式灌篮得分？一名柔道运动员又是如何将体重是她两倍的对手掀翻在地的？另外还有，在我们谈论这个话题的片刻间，一名空手道高手是怎样徒手将一叠木板劈断的？

当然，这些都不是魔术。现在你有机会看一看幕后的东西，了解这些奇迹是怎么发生的。你会把它们称为把戏、技巧，还是复杂科学？或许越来越接近答案了。

扣篮时真的能够飘浮吗

我们很难想象 1891 年在美国马萨诸塞州春田大学球场上举行的第一场篮球比赛，篮球的发明者詹姆斯·奈史密斯博士观看了这场比赛。一个装桃子的篮筐悬挂在离地 10 英尺的地方，没有篮板。几乎所有的运动员身高都不到 6 英尺，投篮得分少得可怜。篮筐是有底的——如果一名球员成功投篮得分，那么必须有人爬着梯子把球取出来。

不止是哈林花式篮球队的表演！如果奈史密斯博士还健在的话，他一定会惊叹于运动员的速

度、传球、投篮精准度，以及令人感到神奇的扣篮。当他看到运动员高高跳起，像神灵一般悬停在半空中，然后将球扣进篮筐，他可能会掐自己一把，看看是否在梦中。现代的观众有时也不敢相信他们的眼睛——或者他们的记忆。迈克尔·乔丹真的可以像那样飘浮吗？德怀特·霍华德真的能在 12.5 英尺的高度完成空中接力吗？坎迪斯·帕克和布兰妮·格里纳仅仅是将球放了进去吗？还有托莱多的神奇一跃，这里发生了什么？

清　　单

◆ 两位帮忙的朋友
◆ 小的平装书（大约 5 英寸 × 7 英寸，200 页左右）
◆ 网球
◆ 计时器或有计时功能的手机
◆ 小的精装书（与平装书尺寸相似）
◆ 大的精装书（大约 8 英寸 × 12 英寸，300 页左右）

一起腾空吧

　　勒布朗·詹姆斯、凯文·杜兰特和迈克尔·乔丹告诉你的可能会不一样，但是事实是，所有那些"高空飞行者"像我们一样，要遵守同样的运动定律。他们在空中停留的时间并不取决于飘浮的能力，而是取决于跳跃的力量，因为越有力的跳跃可以导致在空中停留的时间越长。牛顿运动定律告诉我们，物体会以与上升时相同的速度下落。

从跳起到落地的时间被称为"腾空时间"。即使是最好的运动员，垂直跳跃到 3 英尺高的地方，腾空时间也仅有 0.85 秒。他们可以玩一些把戏，比如把腿收起来使他们看起来跳得更高，或者抓住球直到他们

玩 一 玩

1 让你的一位朋友负责计时，另一位朋友负责让球下落。

2 你拿着较小的平装书，准备用它拍打网球。

3 请负责让球下落的朋友将网球举到书本上方，请你的另一位朋友准备开始计时。

4 数到三，让网球落下，在你击到球的时候开始计时，当球落地的时候停止计时。

5 轮流用其他的书重复步骤 2 至 4，记录不同的落地时间。

开始下落，好像在空中停留了更长时间。但是没有什么能让他们在空中飞行的时间比我们的老朋友牛顿预测的更长。这个实验里没有"把戏"，但是它可以揭示向上的力与腾空时间之间的联系。

温馨提示

　　这个实验一定要在室外做，因为你不想损坏室内的任何东西，而且你也不想因为打到天花板而损失球的腾空时间。

慢动作回放

这是个一箭双雕的实验。首先，当你在使用每一本书时，比较的是不同的动量。记住动量等于质量 × 速度。假设以同样的速度摆动每一本书，你可以认为速度是一样的。但是随着书的质量增加，动量也在增加。

　　你还要记住，投篮成功的关键在于腾空时间，那取决于让运动员跳得更高的弹跳力。所以，在这个实验中增加让每一个网球跳起来的作用力，应该会获得更多的腾空时间。是这样的吗？

相关运动：篮球	花费时间：20 分钟

为什么充气的篮球有弹性

不是所有的球大小都相同，所以它们有不同的弹性，这并不令人惊讶。想象一下乒乓球反弹得像槌球一样，或者想象玩一玩像棒球一样反弹的怪异网球。要小心阿兹特克人，他们用人头来玩一种宗教球类游戏！但是很少有运动像篮球一样那么依赖球的弹性。运球、抢篮板、反弹传球完全都依靠它（更不用说花式投篮了）。让我们通过这项运动的主角——篮球，来找出该项运动是如何获得最大弹力的。

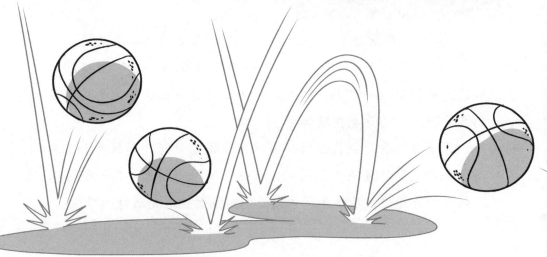

让你的球恢复弹力

这是又一个实证研究实验（非常依赖于观察的实验）。我们都知道篮球需要充足气。它们有点像气球，只是它们的"皮肤"要硬得多。你一定要非常仔细地观察，并在你看到的篮球停止上升的位置做标记。在你记录完自己的数据之前不要阅读"慢动作回放"！我们不希望在你的脑海中产生预期结果来影响你的实验。（提示：结果就是NBA建议的篮球压强。）

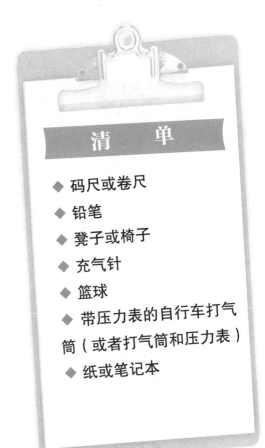

清 单

◆ 码尺或卷尺
◆ 铅笔
◆ 凳子或椅子
◆ 充气针
◆ 篮球
◆ 带压力表的自行车打气筒（或者打气筒和压力表）
◆ 纸或笔记本

玩 一 玩

1 找到可以在上面用铅笔做标记的一堵墙或一个门框（注意不要惹麻烦）。

2 测量并标记出正好离地 6 英尺的位置。你会发现站在凳子或椅子上做可能更容易。

3 将充气针插入篮球气门，将气基本充满。

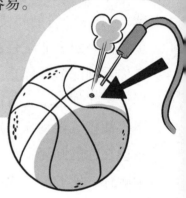

温馨提示

　　你需要在坚硬光滑的地板上（不能有地毯）进行实验，因为你想要获得最好的反弹。如果你是在户外做，要小心一点，因为鹅卵石或不平整的柏油路可能会产生歪斜的反弹。

4 连接打气筒，检查球内气体的压强。继续打气直到读数变为 5 psi。

5 拿走充气针，握住球，使球的下端与 6 英尺标记处在同一水平线上。

6 让球落下，观察球反弹的高度，在纸或笔记本上记录数据。

7 增加球内气体压强，依次达到 6 psi、7 psi、8 psi、9 psi，每次都重复步骤 4 至 6。

慢动作回放

正如你会说的，给篮球充气增大了球内部气体的压强。波义耳定律表明，如果将气体压缩到更小的体积，或将更多的气体压缩到相同的体积，气体压强会增加。球内部其余的压力在球发生碰撞（在本实验中是碰到地板或地面）时提供了一个作用力。那就是牛顿第三运动定律：对于每一个作用力，都会存在一个方向相反、大小相等的反作用力。这个反作用力就是弹力。现在你明白了，当球内部气体压强增大（充气）的时候，弹力也会增大。

NBA 要求篮球充气至压强为 7.5～8.5 psi，最好是在正中间（8 psi）。在这个实验中，球从 6 英尺的高度落下，最多可以反弹至 47～55 英寸高。

如何扳倒比你重的对手

　　一位瘦削的年轻女士听到在阴影处有慢慢移动的脚步声，接着看见一个大块头的年轻男士，长得就像坦克那么壮实。在反应过来之前，他已经抓住了她肩上的包。他轻声笑着，准备将她推开。但是突然间剧情反转，男士的手臂越过了女士的肩膀。刹那间，女士扭身、翻转，男士从女士身上飞过，重重地摔到地上！他躺在地上，喘息着，恍惚着，

但好像没有受伤。女士拿起包，拉上拉链，向前走了几步，又回头说道："不要招惹会柔道的人。"

如果我有一把铁锤

无论是踢蹬、抓握还是抛摔，柔道运动员经常在他们的运动中使用科学原理来取得优势。最常用的原理是重心的概念，即"质量可以被看成集中于物体上的某一点"。你不必成为科学家或柔道运动员就能够运用这个原理，只需要试试单腿站立。有时候你会稍微摇摆一下，保持笔直地站着。你正在确保你的重心位于你的支点（站在地上的那只脚）上。柔道运动员试图移动他们的对手，使得他们的重心不在脚上。当重心在脚上时，他们是稳固的，重力与扭矩同时发挥着作用。那就是年轻女士能扳倒比她更重的袭击者的原因。尽管你知道这很有道理，还是来尝试做一下这个酷酷的实验吧，它能让你理解为什么重心有时候看起来会有些奇怪。

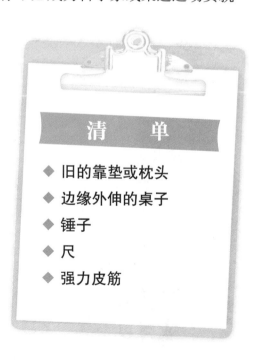

清　单

◆ 旧的靠垫或枕头
◆ 边缘外伸的桌子
◆ 锤子
◆ 尺
◆ 强力皮筋

1 将靠垫或枕头放在桌子边缘的下面。

2 将锤子与尺抓在一起，锤柄的一端与尺的一端对齐。

3 将强力皮筋从这一端套上去，绕着锤子与尺，并在离锤头 1 英寸的地方停下。

4 抓起锤子与尺，使其一端仍然保持接触，然后将尺的另一端沿桌面滑入一英寸，用你的另一只手按住它。

温馨提示

确保将靠垫放在悬挂的（可能落下的）锤子下面：你不想把地砖打碎，对吧？（当然，这个问题不需要回答。）

5 锤子悬吊着，（在接近锤头处）由强力皮筋吊住，也被你的手（在较远的另一端）与尺一起抓着。

6 慢慢地松开双手，尺仍然挂在桌子边缘，锤子悬吊在桌子下面。

7 耐心一点，大多数人需要尝试几次才会成功。

慢动作回放

像一些最佳实验一样，这个实验运用了一个概念，并将其发挥得淋漓尽致。你从柔道的例子中可以了解到，控制住重心（大致位于人体胸部中间）可以使稳定的物体不稳定。你现在做的恰恰相反——通过巧妙地处理重心，让不稳定的组合变稳定。

对一个有着均匀密度和规则形状的物体（如冰块），重心恰好位于其中心处。对不规则外形的物体组合，重心有时会在物体之外。你知道锤子的金属头部要比木制锤柄的密度大得多，所以你需要更长的锤柄来平衡金属头部的质量。锤子的重心在长长的（密度更小的）锤柄与较短的头部接触的地方。那就是为什么它是平衡的但看起来却倾向一边。

徒手能劈断木板吗

这是所有运动中最夺人眼球的一幕，也是最吓人的一幕。一名武术高手，穿着宽松的白色衣袍，走向两排空心砖架起的一叠木板。观众席上鸦雀无声，大家看着他向前走去，向后抬起一条手臂，"啪"的一声，徒手垂直猛击在木板上。木板全部裂成两半，飞溅开来。就这样！没有斧头，没有锯子，徒手劈断了一叠木板。他是怎么做到的？

或许穿白色衣袍的武术高手还装备了另一套实验盔甲，因为这令人难以置信的劈断是动量（运动的力）、牛顿第二运动定律（力＝质量×加速度），以及密度（在给定空间或体积中的重量或质量）的演示。在下面的劈断实验中，你可以自己控制这些要素。你可以马上成为一名老师了，年轻人。

空手道老是开玩笑

日语中的"手刀"描述的就是这种武术击打，通常我们称之为空手切。它可以在战斗中用于攻击或阻拦，也可以击破类似一叠木板或砖块的威胁物。在这个实验中没有人会受伤，但它确实能够帮你理解武术高手是如何完成那些强有力的劈断的。你需要在两块砖或差不多大小的两本书之间用冰棒棍架起一座桥梁。如果你用的是书而不是砖块，要确保它们是精装书。太软的东西会吸收一些你击打的力，而不是让那些力作用于你的目标。

清　单

◆ 两块砖或两本厚的精装书

◆ 5 根冰棒棍（多准备 5 根备用）

◆ 乒乓球拍

◆ 10 枚相同的硬币（镍币的效果较好）

玩 一 玩

1 将两块砖放置在坚固的地面或桌子上，相距 2.5 英寸。如果你用的是书，确保它们一样高。

2 放上冰棒棍，使其横跨空隙，并且使放置在砖块或书本上的两端长度一样。

3 再叠加 4 根冰棒棍，堆成 5 根那么高。确保它们排成一列。

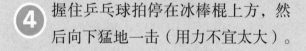

4 握住乒乓球拍停在冰棒棍上方，然后向下猛地一击（用力不宜太大）。

5 这些冰棒棍可能会向四周弹开，但不大会断裂。

温馨提示

不要尝试重复武术高手的动作，不要空手去劈木材、原木或砖块。那些武术高手的动作看上去就像切黄瓜一样帅，但是他们中的一些人曾经从疼痛中学习到了很多东西……从疼痛的骨折中恢复。一定要执行这个"不直接动手"的版本。

6 重新堆叠冰棒棍，在放到砖块或书本上的冰棒棍底部两端各放置一枚硬币。

7 继续堆叠，将硬币放在每一层冰棒棍的两端。

8 你又堆出了一个5层高的冰棒棍堆，并用硬币隔开了每一层。

9 重复步骤4。这一次你应该能够将部分或者全部冰棒棍劈断了。

慢动作回放

先别急着说"这个实验用的是冰棒棍，但那些高手用的是真正的木板"。表演中使用的是硬度低、易碎裂的木板，较容易断裂。有时人们甚至会使用煤渣块或煤渣砖等另一些受欢迎的"靶子"，如果它们以正确的方式被击中就很容易断裂。你看到过有人徒手劈大理石或钢筋的吗？没有吧。不过你的实验演示了最真实的例子。硬币形成了冰棒棍之间的间隔，所以你不是劈断一捆冰棒棍，而是一根一根地把它们劈断。

大多数空手道表演也是以这种方式制造间隔。这都是为了减小木板整体的密度，使得它们更容易被劈断。你向下的动量中的一部分用于劈断第一块木板，一部分用于劈断第二块木板……但是你依然有足够的动量将所有的木板劈断。想想吧，一根一根折断10根树枝是不是要比折断紧紧捆在一起的10根树枝容易得多？

相关运动：蹦床	花费时间：45 分钟

蹦床是如何产生弹力的

所有人在蹦床上都能体会到强烈的反弹——追求高度记录，在半空中扭动翻转，甚至假装自己是失重的宇航员。你知道这个最简单的活动实际上是一个物理实验。任何涉及运动、重力、弹簧、固体的事物，一定与非常有启发性的科学解释有关。你能看到那位穿着长外套、脸上挂着灿烂笑容的男士在那里跳上跳下吗？看，他的长而卷的假发飞出去了！好吧，或许那些只能是想象。牛顿爵士不可能站在蹦床上，他甚至都没听说过蹦床。但是他的科学研究准确地描述了蹦床是如何发挥作用的，正如你马上将会看到的。

"弹性"碰撞

术语"弹性碰撞"和"非弹性碰撞"让一些人感到困惑。许多年轻科学家想知道：如棒球棒或高尔夫球杆这样的硬物怎么可能都有弹性呢？弹性碰撞是物体保留原有动能（运动能）的碰撞，就像是篮球落到体操馆的地面上。非弹性碰撞则会损失能量，比如当你将棒球投到枕头上。你将要做一张蹦床，你会在厨房里了解牛顿运动定律是如何发挥作用的。

清 单

◆ 滤锅

◆ 12 根橡皮筋（长度足够裹住滤锅）

◆ 一盒牙签

◆ 比滤锅口径稍大的一块布或塑料（来自塑料袋）

◆ 剪刀

◆ 10 个燕尾夹

◆ 乒乓球

◆ 弹珠

◆ 高尔夫球

◆ 网球

◆ 尺

玩 一 玩

1 将一根橡皮筋穿过滤锅边沿的一个孔。

2 将一根牙签插入伸出的橡皮筋环内。

3 将橡皮筋的另一端穿过滤锅对面的孔，用另一根牙签固定住。橡皮筋应该是紧绷的。

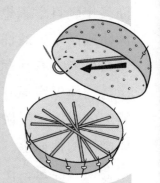

4 继续将所有的橡皮筋均匀地绑在滤锅上。

5 将布或塑料放在橡皮筋上面，绷紧展开，并用燕尾夹固定。现在你做好了蹦床。

6 从大约 18 英寸高的位置依次让质量越来越大的物体落下，开始先用乒乓球，之后用弹珠、高尔夫球、网球。

18″

7 记录每一种物体反弹的高度。

温馨提示

在室内或室外都可以完成实验，但是无论在哪里做这个实验，都要确保清理掉容易破损的东西。

慢动作回放

这里有许多很酷的科学在起作用。首先，牛顿第一运动定律告诉我们，在没有外力迫使物体改变运动状态的情况下，物体会保持静止（或匀速直线运动）状态。所以弹珠和乒乓球在你手里时是静止的，直到你放手，重力驱使它们运动。

其次，牛顿第二运动定律告诉我们，下落物体的质量与加速度将决定它的受力情况。那意味着更重的物体（质量更大）撞到蹦床上会产生更大的作用力。这种撞击（或者碰撞）又引发了牛顿第三运动定律：对于每一个作用力，都会存在一个方向相反、大小相等的反作用力。蹦床的"弹力"就是反作用力，它也是弹性碰撞产生的地方。

弹性碰撞保留了全部或大多数动能。如果物体落在沙子或泥土上，这种碰撞就是非弹性的，因为动能没有被转化。但是在蹦床上，物体向上运动，直到有一个反方向的作用力（重力）将它拉下来，接着再次受到一个反方向的作用力。为什么物体不能永远运动下去呢？因为每次碰撞的作用力都会在振动中消耗一部分（有没有注意到整个蹦床是在晃动的？），另外还有一部分动能因为物体在空气中运动时发生的摩擦而转化为热能。

室内运动　67

体操运动员落地时是如何站稳的

体操运动员需要充沛的体力、精确的计时、精湛的技艺，以及极大的勇气。无论他们是在做自由体操，在平衡木或吊环上翻转，还是从跳马上跃下，体操运动员时刻都在分析摩擦力和动量，并在短时间内做出科学的决定："马上开始扭转会让我旋转过度吗？""在对角线上有足够的空间让我做三个空翻吗？""我的那两个后空翻，抱腿动作是不是太快了？"在体操中让人印象最深刻的技巧是"站稳"，即在运动结束时一下子完全静止不动的能力。在完成了一连串令人眼花缭乱的动作后，他们怎么能做到这一点呢？是个人都会翻倒的嘛！

梦结束了

你以最快的速度（超过每小时 15 英里）在跑道上冲刺并积累动量。你冲向跳马，当你接触跳马时，你的手臂蜷曲起到松开的弹簧的作用（这里的科学原理像蹦床一样，当你推开跳马时，增加了更多方向相反、大小相等的反作用力）。然后你跃升到 13 英尺高的空中，利用你的扭转和翻转的力量继续移动。最后一次翻转后，你漂亮地越过跳马，下落得比兔子还快。砰！你稳稳地站住，落地时两条腿并在一起，没有多余的跨步。稳稳地站在那里，等待掌声……好吧，这是昨晚做的梦。今天你在厨房里而不是在体操场上。是时候运用科学了。

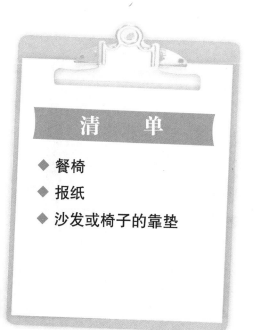

清　单

◆ 餐椅
◆ 报纸
◆ 沙发或椅子的靠垫

1 将椅子放在厨房中间，前方至少留 6 英尺的空间。

2 将报纸平铺在椅子前方的地面上。（这可以让靠垫不被弄脏。）

3 将几个靠垫放在椅子前方 2 到 3 英尺处的报纸上。

4 站在椅子上，面朝靠垫。

5 向前上方跳，当你落在靠垫上的时候不要弯曲膝盖，努力尝试笔直地站稳。

温馨提示

在你跳跃的时候可能会摔倒，所以请集中注意力。要确保椅子附近没有精致的、易碎的物品，也要确保椅子附近没有东西会伤害到你。

6 重复步骤4到5，但是以弯曲膝盖的方式落地。

7 拿走靠垫，重复步骤4和5，一次不弯曲膝盖，一次弯曲膝盖。

8 找出在4次运动中最成功的是哪一次。

慢动作回放

落地是对冲量这个科学概念的阐述，它描述了动量的变化。冲量是作用时间（落地所花费的时间）乘以作用力的结果。体操运动员在落地时受到的作用力会产生干扰，导致运动员难以站稳。因为你的每一次跳跃产生的冲量是相同的，所以你可以通过延长作用时间来减小作用力。落到柔软的靠垫上，两膝弯曲，就能得到这样的效果。这是不是你实验中最容易站稳的动作？

相关运动：舞蹈	花费时间：2分钟

舞者是如何运用肌肉记忆的

什么是肌肉记忆？这就是威廉姆斯姐妹会在发球上连续练习数个小时的原因；这也是为什么只要一有机会斯蒂芬·库里就会练习罚球；这还是舞者使他们的步子保持正确的依靠，即一遍又一遍地练习。基本上，形成肌肉记忆意味着要一遍又一遍地完成某项身体动作，使得你不需要经过多少思考，你的身体就能够快速且

有效地完成任务。你会骑自行车吗？如果会的话，你就是在使用肌肉记忆。在你学习骑车的时候，你必须考虑所有的事情：如何握住把手，踏板要踩多快，脚趾和脚后跟该放在哪里，等等。但是现在你可以不假思索地完成这些事情——否则你会摔倒。

举起手来！

当你进行一项新的身体运动时，你的大脑要学习一套复杂的指令，以便将它们全部按照正确的顺序输送给身体不同部分的肌肉。一套复杂的动作，例如舞厅交谊舞，实际上是一系列独立的动作序列，就像是："先迈左脚，再迈右脚，然后转身，退一步，再来，进一步，右手臂抬起来，然后放下，再来一遍。"做错一个动作，或者做错顺序，会使你（和你的舞伴）不知所措。这就是为什么舞者会反复练习相同的一套动作，并经常将它分解为一个个独立的动作。但是要注意，你"记忆"的不一定是完成动作的正确方式，而是你完成动作的常用方式（无论你做的是否正确）。下面是这本书中最简单也是最令人惊讶的实验，它在超短的时间内阐明了肌肉记忆的科学原理。

清　单

◆ 门框
◆ 你

玩 一 玩

1 站在敞开的门框下，双手放在身体两侧，手掌朝内。

2 双臂伸直，将双手向外推，让手背靠在门框上。

3 双手用尽全力按压门框。

4 坚持 30 秒。如果没有手表，你可以通过数数来计时："1 秒钟，2 秒钟……"

温馨提示

你会发现选择较窄的门框更容易完成任务，因为即使坚持 30 秒，你的手臂也不会感到非常累。

5 走出门框，稍微晃动一下你的手臂。

6 将两只手臂略微向上移动，它们会在没有任何刺激下继续上移。

慢动作回放

*就*像你在这个简单的实验开始部分所做的那样，当你不断地做一件事情时，你的大脑就会反复发送信息到你的肌肉。这是集中精神在较长一段时间内进行相同活动的一种方式。大脑通过神经元（神经细胞）向肌肉发送指令。这个"通过重复进行学习"的过程，其专业医学术语叫神经肌肉促进。这个名字很绕口！但事实上，"促进"只是"让事情变得更容易"的一种华丽说法。

你还注意到什么了吗？不只是举起你的手臂变得更容易了，而且是几乎不可能不抬起它。现在你可以知道为什么坏习惯（如糟糕的舞步、错误的投球、张着嘴嚼东西）是很难纠正的。这也是训练为何如此重要的一个原因：教练会在你通过不断重复教会你的肌肉之前检查你的技术是否正确。

相关运动：台球	花费时间：3 分钟

如何让母球停在轨道上

你(外号"科罗拉多美洲狮")和你的表弟(外号"密尔沃基的迈克")在夏令营 8 球挑战赛的最后一轮比赛中进行对抗。如果你能把 8 号球直接打进距离 15 英寸的侧面口袋，那么胜利就是你的。这没问题！但是，如果你以直线方式瞄准并将 8 号球打入袋中，那你可能会输，因为母球很可能跟着它一起进袋。这种情况会出现吗？难道你没有看

到过，当打到另一个球时，你的母球可以停在它的轨道上？没错，这是关于弹性碰撞的内容，话说有一位名叫牛顿的英国科学家……

碰撞的方向

　　动量（物体的质量和运动速度的乘积）解释了许多运动中发生的情况。在这个例子中，我们讨论的是两个台球发生碰撞时动量和动能的变化。如果你轻击母球大圈（球中部略下方的位置），它会滑向而不是滚向8号球。当两球碰撞时，母球的动量和动能会转移到8号球上，同时母球停止运动。这是一个很好的弹性碰撞的例子——由于动量和能量守恒，一个或两个物体在碰撞后会发生移动。如果你在母球的大圈上方击打它，它会滚向（而不是滑向）8号球，而这些向前滚动的旋转会使母球继续运动一会。当然，演示该实验的理想方法是在水池内或台球桌上进行尝试。但如果你不在靠近这两者之一的地方（并且不想潜入嘈杂的飙车族酒吧），那么你可以尝试在其他类型的运动中测试碰撞的原理。

清　　单

● 3个高尔夫球
● 铺着地毯的空地

玩 一 玩

1 将两个高尔夫球并排放
置，使它们相互接触。

2 将另一个球放在地板上，距离另外两
个球大约 15 英寸远（但是要让三个球
在一条直线上）。

15″

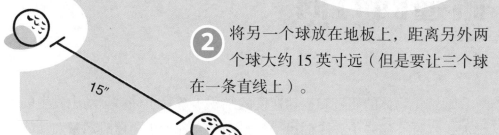

温馨提示

记住，这些是高尔夫球，它们
弹性很足！不要让球的速度太快，
否则它们可能会与屋内的易碎物品
发生真正的碰撞。试着多做几次实
验，每次增加一点速度。

3 准确地沿着那条想象中的直线滚动球，使其撞向靠近外侧的那个球。

4 你滚出去的球，以及被这个球撞击到的球应该都停止不动，而第三个球会向前滚动。

慢动作回放

虽然通过增加第三个球将前面那个母球的例子提升了一个水平，但这个实验仍然遵循动量守恒的原理。第一个球的动量转移到第二个球，接着转移到第三个球，使第三个球发生滚动。

你会在一种常见的"桌上玩具"中看到同样的效果，这种玩具被称为"牛顿摆"。（牛顿这家伙真是无处不在！）五个并排接触的金属球用细线悬挂在框架上。当你把最外侧的一个球拉起并放下时，它会向下摆动并击中其他的球。中间的三个球仍然保持静止，但距离最远的球会发生摆动……然后它摆动回来，逆向进行同样的过程。中间的三个球不动，但最外面的两个球却都移动了。为什么它不会持续摆动下去？因为有些能量被转移到摩擦和响声中，所以每次摆动动能都会减少一点。

第四章

冬季运动

一个滑降选手在高速公路上练习，因超速行驶被截停。面对严厉的州警，他会有勇气说"我只是在检测这种鸡蛋式滑行的阻力"吗？你有没有听说过，越野滑雪运动员在滑雪上坡时……等一等，滑雪上坡？你再说一遍？

鸡蛋式滑行，滑雪上坡，还有穿越雪地。天哪，当温度降到华氏 32 度（摄氏 0 度）以下时，这些事情肯定会变得有点疯狂！也许是寒冷的空气使我们变得有点糊涂，但冬季运动确实有其不可思议之处。

这些不可思议的事情有点像魔术。当你靠近去观察时，事情会开始变得不同。科学能够帮助你真正了解所有冬季运动背后的原因。比如冰球运动员会将界墙当作队友，或者是一名花样滑冰运动员旋转得太快而使自己的身影变得模糊，又或者是一名跳台滑雪运动员正在跃向蓝天。把它们都联系在一起的就是科学。当你弄明白这些冬季奇观的原理，你会感到它们真酷。

玩反弹吗

　　冰球场周围 42 英寸高的界墙是冰球比赛如此令人振奋并且快节奏的关键。橄榄球、足球或篮球等其他运动，当球出界时比赛通常会暂停，但是冰球场周围的界墙能够使球保持运动并让比赛持续进行。这些界墙经常在运动员相互追逐并撞上来时发生颤动，而且通常会被

打出几十个黑色的污点，这是由球的高速撞击所导致的。有时这些界墙甚至被称为"第六队员"，因为运动员学会了将冰球从界墙上弹出，这既可以在危险的情况下解围，又可以在对手接近时传球给队友。

明亮的光束角

不用担心，你不需要去滑冰场，也不需要"穿上"那些笨重的装备去了解冰球运动员是如何"用界墙玩反弹"的。这个实验在黑暗的房间里就能很容易做到，只要有两个朋友和一个手电筒。其中一个朋友将扮演你的"队友"，现在比赛即将结束而你迫切需要扳平比分，你需要她发挥威力。你的另一个朋友将扮演对方防守队员，你必须绕开他把冰球传给队友（在实验中是用手电筒的光照亮她）。你的对手会尽最大努力阻止那束光射向你的队友。他消耗了你大量的时间，只剩下最后几秒钟珍贵的倒计时了。但愿你有其他人可以传球……或者有其他可能的方法。这值得一试！

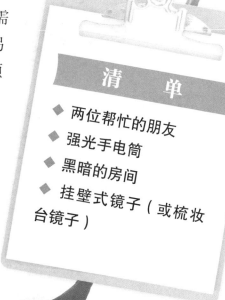

清 单

◆ 两位帮忙的朋友
◆ 强光手电筒
◆ 黑暗的房间
◆ 挂壁式镜子（或梳妆台镜子）

玩 一 玩

1 选择一个朋友作为队友，另一个朋友作为对手。

2 让你的队友站在房间的一个角落，你拿着手电筒站在房间斜对角，镜子在你们两人之间的两面长墙之一上。

3 你的另一个朋友（对手）站在你们俩之间，但离你更近。

4 你必须通过把手电筒的光照到你的队友身上来完成传球，而你的对手则试图阻止你。

温馨提示

你可以很认真地扮演你的角色，甚至可以用闹铃计时来设定"结束时间"。但是你要保持理智，不能让你们三个人中的任何一个在黑暗中靠近镜子。你只是想学习一些有关冰球和几何学的知识，你并不想因为打碎镜子而受到惩罚。

⑤ 开始游戏。你的对手通过挡住光束来阻止你"传球"。

⑥ 将光束从直射到队友的方向移开，转而对准镜子，通过镜子的反射将光束射到队友身上，成功避开对手的阻拦。

慢动作回放

你只是巧妙地运用了一些几何知识来避开对手。光线通过镜子反射的方式与冰球在球场上通过界墙反弹的方式是一样的。光束照射到镜子上（或冰球撞击到界墙上）形成的角度称为入射角。数学理论和直觉告诉我们，入射角和（光从镜子反射或冰球反弹的）反射角是相同的。玩台球时可以运用同样的技巧，通过让母球从台边反弹来避开一个或多个球。

为什么冰球棍是弯曲的

看看 20 世纪四五十年代美国冰球联盟的照片或短片，你会发现多年以来冰球运动发生了一些变化。没错，比如那时的守门员没有佩戴头盔（不推荐这么做）。不过我们现在主要关注的是：冰球棍。

前几十年，运动员使用的一直是直角球棍，连一点弯曲都没有。再看看 20 世纪 60 年代末的照片或短片，除了狂野的头发和夸张的胡

子，你还会看到一些神奇的球棍，它们的弯曲程度大到看起来就像鱼钩。最终，美国冰球联盟制定了一些规则来限制球棍的弯曲程度。但即使是在今天，几乎每根球棍都有一些弯曲——甚至是守门员用的球棍。这是怎么回事呢?

引入弯曲

在 20 世纪 60 年代中期以前，美国冰球联盟的主要得分者通常每个赛季的进球数是 30~50 个。但随着弯曲球棍的引入，主要得分者的进球数提升到了 60~80 个。球棍上的曲线会使射门更易掌控，这在 20 世纪 50 年代就已开始流行。它还使抖腕射更容易掌控，此时冰球会随着运动员手腕的发力而在球棍上移动。球棍上的曲线甚至让冰球发生更多的旋转，这反过来又加强了它像陀螺一样运转的作用（之后会更多）。你可以看到这种陀螺运动是如何在接下来的实验中让旋转的冰球保持稳定的。更稳定和更易掌控的旋转导致了更好的射门和更多的进球。

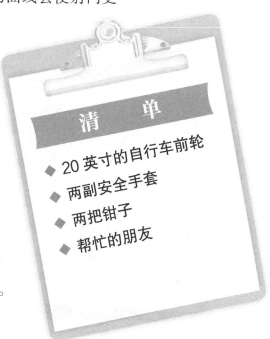

清　单

- 20 英寸的自行车前轮
- 两副安全手套
- 两把钳子
- 帮忙的朋友

玩 一 玩

1 确保你的自行车车轮两侧有约 1 英寸长的螺纹车轴突出。

2 戴上安全手套，用一把钳子夹住车轮一侧突出的车轴。

3 保持钳子夹住车轴，用第二把钳子夹住车轮另一侧突出的车轴。

4 让车轮直立着开始实验会比较轻松，所以请在保持车轮直立的同时紧紧夹住钳子。

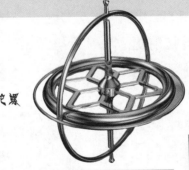

陀螺

温馨提示

手套是十分重要的，因为它可以防止你的手指因卡进自行车轮辐而受伤。你的朋友也要戴上手套，因为不停转动车轮会让她感到手疼。一定要在室外做这个实验！

5 将车轮笔直地举在你自己面前，让你的朋友旋转车轮。

6 你的朋友要不停地旋转车轮，从而不断提升它的速度。

7 后退一步，试着翻转车轮使它处于水平位置。车轮会对抗你的翻转。再试着把它朝另一个方向翻转——向左或向右。

8 从垂直位置开始改变车轮的方向应该是非常困难的。

慢动作回放

一旦开始旋转，车轮就会像陀螺一样运转。陀螺是一种利用角动量的特性在同一个地方保持旋转的装置。研究陀螺是思考冰球棍如何影响冰球射门的一个好方法。球棍上的曲线让冰球在球棍上发生旋转，并在冰球沿着球棍上的曲线滚动时增加这种旋转。腾空后，冰球仍然会保持它原有的线路（就像旋转的自行车轮）。

因此，旋转的冰球落到冰面上后，会与在空中一样在冰面上保持原有路线。保持原有路线，意味着在前进中它狭窄的边缘呈现出了最小的表面积。这种狭窄性减少了阻力，而空气阻力会使物体减速。所以冰球会以最快的速度在球场上飞驰。

相关运动：滑冰	花费时间：30 分钟

滑冰时会发生什么

    每年冬天第一次穿上滑冰鞋，都会有非常兴奋的感觉。一旦你在冰面上适应了，没有什么比用你的腿轻轻推动自己优雅地前进感觉更好了。或许你的第一次尝试就装备了滑雪杆、滑雪护垫和头盔，而你

正沿着冰面飞驰而去。

但是冰为什么可以让我们沿着它的表面滑行和加速呢？关键在于冰面上有一层薄薄的水。水是滑溜的，不像下面的冰。那又是什么导致冰融化并产生了这个润滑层呢？我们滑冰时的气温通常都低于冰点啊！

哦……压力下的冰

这个实验很适合探索与滑冰有关的一些科学。毕竟，这确实涉及一些压在冰面上的薄薄的和金属有关的东西。金属丝被瓶子的重量往下拉的压力和你在滑冰时施加给冰面的压力是一样的。正如你所看到的，整个过程的关键在于压力对冰的作用，以及当"压力消失"时会发生什么。

玩 一 玩

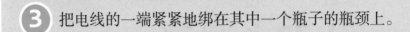

1 剪一段约 18 英寸长的电线，请一位成年人帮你剥掉塑料套层。

2 将两个空瓶装满水，拧上瓶盖。

3 把电线的一端紧紧地绑在其中一个瓶子的瓶颈上。

4 把电线的另一端以同样的方式绑紧另一个瓶子。

5 将尺放在桌子上，在桌子边沿露出一部分（约 2 英寸）。

6 用厚重的书压在尺的桌面部分上，将尺牢牢固定在那里。

7 将一张纸巾剪成两半，然后把它对折 4 次，直到与露出桌面的那部分尺的长度相当。

温馨提示

确保你有足够的空间让瓶子在不接触地板的情况下悬挂着。如步骤 1 中所述，剥开电线的操作必须由成年人完成。

8 将折叠好的纸巾放在露出桌面的尺上，再将冰块放在纸巾上面。

9 将两个瓶子不偏不倚地挪到冰块的两边，让连接瓶子的电线处于冰块上方的中轴线上。

10 慢慢将瓶子放下，使它们挂在空中。电线对冰块的压力使冰融化，并让电线能够穿过冰块。

11 等待30秒左右，然后拿起冰块。它又冻结成完整的一块了！

慢动作回放

我们都认可在冰上滑行或摔倒时，是因为我们实际上滑过了水面。这有点像水橇滑水，有些人说，这是由于滑冰鞋与冰摩擦产生了热量。但是科学家并不同意冰是这么融化，以及因此产生这些水的。正如这个实验所展示的，压力也会导致冰融化。电线并不是以来回拉锯的方式穿过冰块的（制造摩擦产生热而使冰融化），只是因为那些大瓶子，它被压着往下走。

因此，金属丝（或滑冰鞋）对冰面的压力会融化一些冰，而使冰面变得更滑，更容易在上面滑冰。但是，你怎么解释这样一个事实：电线通过压力融化了冰块后，冰再次冻结，又变成了完整的一块？这是因为电线被移走后，低温足以使冰块恢复原状。

为什么花样滑冰运动员可以旋转得那么快

在奥运会花样滑冰女子单人滑项目中，4分钟的自由滑是一段光彩夺目的速度、平衡和技术技巧的展示，所有这些都能与芭蕾舞者的优雅相媲美。

选手将会进行一系列令人眼花缭乱的迂回曲折的动作，但是大部分观众的赞叹声都集中在旋转上。通常情况下，在一次壮观的跳跃和翻转之后，滑冰选手将开始旋转，其旋转越来越紧密。最终她会停止向前或向后，只在原地旋转得越来越快。她是如何迅速而毫不费力地从优雅的横扫转变为陀螺式旋转的？

让我们再转一次

答案简单得令人惊讶，但是在冰面上学着做却需要多年的练习。你可以在不离开椅子的情况下进行测试和演示。这都与角动量，或者旋转物体的动量有关。只要确保你有足够的空间让自己做一个良好的旋转，而不会撞到其他东西。在地毯上演示，效果会比在硬木地板上更好。

清　　单

◆ 两个较轻的哑铃或两本较重的书

◆ 可以 360° 旋转的电脑椅

◆ 能推你一把的朋友

1 每只手拿一个哑铃或一本书，然后坐在椅子上。

2 向前伸直双臂，确保有足够的空间能够自由旋转。

3 保持手臂伸直，脚踩地板使椅子旋转。不过，让朋友推你一把来让你开始旋转会更容易些。

4 当达到一个不低的旋转速度时（仍然要确保安全），试着把哑铃或书本靠近胸部。

5 你应该能发现，当它们靠近身体时你的旋转速度会加快。

温馨提示

这是一个安全的实验，但还是需要再三检查椅子底部的轮子是否锁住了。这个实验要展示的是旋转和角动量，而不是椅子和其他家具之间的碰撞力。

慢动作回放

你刚刚展示了角动量是如何工作的。哑铃（或书）在你通过脚踩地板或助推来施加力量时获得了动力。如果你马上松开它们，它们就会沿直线离开，这要归功于动量。但是因为你拿着它们，它们的运动路径就变成了圆形。当你将双臂靠近自己的身体——就像花样滑冰运动员一样——你将使重物的圆形路径半径变小。

但不要忘记，它们的动量仍然是相同的，所以它们能更快地经过更短的距离。（你可能也见过同样的情况，当水槽里的液体越来越接近排水管时，其流速会越来越快。）当重物旋转得更快时，它们就会拉着你转得越来越快。也许下次你可以在冰面上或旱冰场上试试这个演示，但哑铃还是留在家里吧！

相关运动：跳台滑雪	花费时间：1 小时

跳台滑雪运动员是如何安全着陆的

你有没有幻想过：在没有滑雪杖的情况下，踩着滑雪板，沿着陡峭的雪坡飞驰而下，然后飞出 500 英尺的高空？听起来是不是很刺激？这虽然看似很疯狂，但跳台滑雪运动员一直都是这么做的，他们在每一次大胆的跳跃中都运用科学原理来做两件相反的事。

首先，他们将自己的身体弯曲成流线型来减小阻力（空气阻力），当他们从斜坡上向下冲时，速度加快了。其次，飞起来后，他们会张开身体来增大阻力，使自己在空中停留更多的时间，并且减缓他们的降落速度。

想飞起来吗？

这是一个简单的二合一实验，解释了跳台滑雪运动员如何在空中飞行，然后安全着陆。第一部分实验是理解"冲角"的绝佳方法，即迎面而来的风和穿过它的扁平物体之间的夹角，这物体可以是飞机的机翼，或是跳台滑雪运动员。这有助于确定升力（推动物体向上的力），这是飞行的基本原理之一。第二部分实验涉及飞行的另一个特征：阻力。这是空气自身产生的摩擦力，它减慢了飞行物体向前运动的速度。而这也是让跳台滑雪运动员减速并安全着陆的原因。人类花费数千年的时间来理解阻力和升力，才制造出了第一架飞机，但你可以在 5 秒钟内了解它。

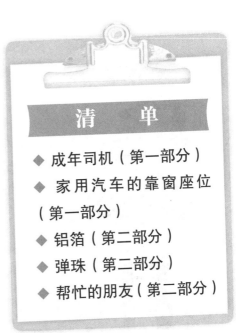

清　单

◆ 成年司机（第一部分）
◆ 家用汽车的靠窗座位（第一部分）
◆ 铝箔（第二部分）
◆ 弹珠（第二部分）
◆ 帮忙的朋友（第二部分）

玩 一 玩

第一部分

1 确认向司机清楚解释了你的计划；商定一个安全的时间和地点，这样车子不用开得太快也能完成实验。

2 完全摇下车窗。

3 把你的手放平，将拇指和其他手指紧靠在一起。

4 将手伸出窗外，手掌朝下，弯曲你的手肘成一个直角（手掌仍与地面平行）。

5 手臂不动，转动你的手腕，使你的手指开始指向上方。

6 你应该感觉到空气正在向上推动你的整个手和手臂。

温馨提示

请确保你被允许执行第一部分。窗户边的一个意外动作有时会分散其他司机的注意力，或者挡住他们的视线。另外，你应当选择最佳时机来完成实验，在实验中汽车不需要开得很快。在任何情况下，你都不应该在 F-16 "战隼"战斗机的窗口外进行这个实验。

第二部分

① 撕下一片铝箔，使其大致呈正方形。

② 将铝箔举到一定高度，然后让你的朋友举起弹珠——两个物体要处于同一高度（如都处于手臂的高度）。

③ 数三下，同时放手使它们落下。

④ 将铝箔揉成一团，再重复步骤 2 和 3。

慢动作回放

你 刚刚在第一部分测试了冲角。注意到风是怎么把你的手推起来的吗？牛顿第二运动定律表明，这个角度使迎面而来的空气向下流去，而"每一个作用力都会受到一个大小相等、方向相反的反作用力。"这就是推动你的手（和那个运动员）上升的东西。跳台滑雪运动员也是在做同样的事情——他们在坡道上时会加快速度，但是当他们飞出去时，他们会切换到不同的体位去捕捉风。一旦升空，他们就会伸直身体，并让他们的滑雪板倾斜，两者之间呈 V 字形，以形成一个获得更多升力的冲角。角度越陡，他们得到的升力就越大。他们想要足够的空中停留时间，但又不至于让自己慢下来。

阻力也能起到刹车的作用。在第二部分中，你看到了铝箔片宽大的表面积是如何接触空气并使它减速的。当相同的铝箔（相同质量的物体）被揉成一团时，它的下落速度会快得多。跳台滑雪运动员在坡道上会"蜷曲"身体进行加速，而在控制着陆时则会"展开"身体以减速。

相关运动：滑降滑雪	花费时间：5 分钟

滑雪者说的"鸡蛋式"是什么意思

当滑雪者在世界杯滑降赛中以每小时 90 英里的速度前进时，你认为他会想什么？

"我快到了吗？""我刚才错过了一扇门吗？""下一个转弯是向左还是向右？""谁会在这场宏伟的战斗中胜出：'僵尸'还是'忍者'？"他知道所有这些问题的答案——好吧，除了"僵尸"的那个——有些是出于本能，有些是因为事先仔细研究了滑雪赛程。真正的答案会让大多数重视自身安全的人感到吃惊。它是"怎样才能

让我更快？"无论是世界杯还是冬奥会，速度都是比赛的主要目的。第一名和第二名的区别通常只有 0.01 秒，所以滑雪者使用特定的姿势来加快速度。自 1960 年以来，这个姿势一直是"鸡蛋式"。美味吧！

怎样滑降会更快？

男子和女子滑降选手的主要挑战是获得并保持速度。就像赛车、飞机、自行车选手，甚至是马拉松选手，他们都面临着一个巨大的障碍：空气阻力。这种阻力会阻碍你前进，它是摩擦的一种形式。减少摩擦、提升速度的一种方法是，以狭窄的外形穿越空气。（想想火箭，以及它的针状鼻锥。）20 世纪 50 年代后期，法国滑降滑雪运动员让·维亚尔内开发了一种流线型的姿势，称为"鸡蛋式"。他弯下腰，使他的头低于背部，胳膊肘紧贴着身子。换句话说，在他滑雪时，他以一个"小目标"来面对汹涌而来的空气。从那以后，这一直是标准的运动员下坡姿势。下面的实验将告诉你为什么。

清　单

◆ 一块 3~4 英尺长的木板（横截面为 1 英寸 ×6 英寸），尺寸不用很精确

◆ 帮忙的朋友

◆ 纸巾

◆ 吹风机

1 将木板斜靠在沙发或椅子上，使它形成一个约 30° 的角（直角的三分之一）。不需要很精确，因为你要测试不同的斜坡。

2 让你的朋友将纸巾揉成一个松散的小球，约一个橙子大小。

3 将吹风机放在斜坡底部，出风口朝上。

温馨提示

　　确认在你家长许可的前提下使用吹风机和你选择的实验场所。

4 让你的朋友把纸球放在坡顶，使它位于吹风机的上方。

5 将吹风机开到最小的一挡，让你的朋友松手，让纸团滚下。记录纸团到达地面需要多长时间。

6 让你的朋友把纸团揉得紧一些，大约一个高尔夫球的大小。

7 重复步骤3至5。

8 试着设置不同角度的斜坡来测试更多的纸团——在每个斜坡上用一个新的纸团，以获得较精确的比较结果。

慢动作回放

滑雪者无论是直立还是蜷曲成鸡蛋式，她的体重都是相同的，但是她的速度会因身体姿势的改变而产生很大的差异。在比赛中站得太直可能会使她慢了一秒而失去奖牌，因此，在下滑时尽可能长时间保持"鸡蛋式"是十分重要的。这个实验是对流线型效果的一个小而精确的描述。在每次"滚落"中，纸团的质量都是相同的，但是将它紧紧地卷起来（变成一个纸鸡蛋）的确给它带来了优势。

相关运动：滑降滑雪	花费时间：30 分钟

为什么滑雪板这么贵

爸妈已经决定，全家人要在这个冬天学会滑雪。于是爸爸出发去体育用品店买一些崭新的滑雪板。他回来时看起来脸色苍白，最后坐立不安地说："我想如果我们要从事这项运动，我可能需要找到第二份工作。我毫无头绪……"当他再次出发去筹集资金时，我开始研究滑雪板的科学——如果有科学解释，他会不介意花钱！但是这里的科学是什么呢？

板芯的特性

像任何好的千层面一样，滑雪板也和它的层面有关。工程师们不断测试新材料和新技术，使每一个层面变得更结实、更轻巧、更灵活。理想的滑雪板在其纵向上要柔韧，可以适应直线滑降（快速、笔直地向下穿过雪地），同时在横向上要坚固，能让人在冰面上保持稳定。总的来说，不同的层面提供了这两个优势——不用说，价格肯定是高昂的。

（印有标识的）板面是最上面的一层，它是由玻璃纤维、尼龙、木材或它们的混合物组成的薄薄的保护层。板底由聚乙烯塑料制成，用来保护内部。里面第二层称为复合层，它起到两个作用：提供抗扭强度和保护滑雪板的板芯。复合层以"三明治式"保护住板芯，一层在上方，一层在下方。玻璃纤维是其主要成分，但有时也会添加其他材料（碳纤维、钛或凯夫拉合成纤维）来提供不同的优势。最后，每块滑雪板的中间部分就是板芯。这是多年以来没有发生太大变化的地方。它是用长条状的优质旧木料制成的，用来增加强度。它一点也不花哨，但这正是滑雪板灵活性的来源。这个实验会告诉你木条的强度有多大。

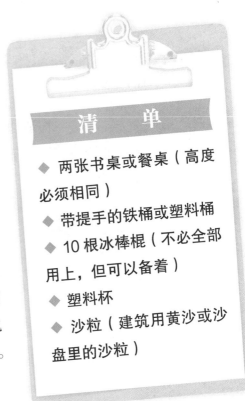

清　单

◆ 两张书桌或餐桌（高度必须相同）

◆ 带提手的铁桶或塑料桶

◆ 10 根冰棒棍（不必全部用上，但可以备着）

◆ 塑料杯

◆ 沙粒（建筑用黄沙或沙盘里的沙粒）

1 将两张桌子靠近摆放，中间留出两英寸的距离。

2 将桶提起，使它的提手能够从两张桌子间的空隙中露出来。

3 把一根冰棒棍塞到桶的提手下。

4 将桶放下，使它悬挂在冰棒棍上；调整冰棒棍的位置，使搁在每张桌子上的部分都有 0.5 英寸长。

5 慢慢地将一杯沙粒倒入桶内，观察冰棒棍的变化。

6 继续一杯接一杯地加入沙粒，直到冰棒棍被折断。记录加了多少杯沙粒使得冰棒棍折断。

7 将沙粒倒入原来的容器中，用两根并排放置的冰棒棍重复步骤 2 至 6。比较沙粒的杯数。

8 再次将沙粒倒回，取两根冰棒棍重叠放置，再次重复步骤 2 至 6。

温馨提示

如果你在靠近易碎物品的地方做这个实验的话，桶、沙粒和断裂的冰棒棍都会给你带来麻烦。最好是在户外，或者是其他容易打扫的地方进行实验。

慢动作回放

你刚刚通过这个实验进行了一些研究和开发工作。虽然工程师们可能会使用比桌子和桶更精密的设备，但他们和你所做的实验是相似的。多年的测试结果表明，长条形的木材是板芯的理想材料。那些测试——就像你做的——研究了如何放置木条，以及在柔韧性和强度之间取得怎样的平衡，才能制造出一副好的滑雪板。

你可能已经注意到，在第一根冰棒棍的边上再增加一根冰棒棍会增加其强度，同时能允许两根冰棒棍自由弯曲。当把增加的冰棒棍叠在第一根冰棒棍上面时能获得更大的强度，但这样的安排会使冰棒棍变得僵硬不易弯曲。滑雪板制造商把这个问题研究得更深入：他们不仅在滑雪板板芯里使用贴合在一起的木条，还常常使用不同材质的木料。你可能早已知道，有些木材是柔韧的，而有些木材是又硬又结实的。使用混合型的木材可以提供每种类型木材的最好品质。

真的能够滑雪上坡吗

越野滑雪可能不会给你带来在玩命的双菱形极限雪道上下坡时恐惧不安的感觉。但是当你穿好靴子，踏上你的滑雪板，打开你自己的那扇出发门，你就会明白为什么这项运动如此流行，如此美妙。事实上，除了能够自由探索林间小径外，越野滑雪的一大优势就是你可以滑雪上坡。

是的没错：上坡。什么类型的滑雪可以抵抗地心引力？这不科学！难道这里有什么科学因素？

什么让你上升？

越野滑雪板是多功能的，它们被设计成适用于下坡、水平前进，甚至是上坡。秘诀就在于它那弯曲的形状，你从侧面可以更好地看到。如果你把一块滑雪板平放在地上并且板面朝上，你会发现其中间部分（把你的脚塞进去的位置）位于曲线的最高点，而最前面和最后面则是接触地面的仅有的部分。当你滑雪下坡时，你的重心是向前的，而不是在中间。滑雪板的曲线保持得好好的，板下方的粘蜡或织物保持在雪地上方。当你在平地上滑雪时，你每迈一步都要用力按下一只脚（滑雪板被压平，为你提供摩擦力），而另一只脚则向前滑行（带着一些黏糊糊的雪）。滑雪上坡也是相似的，只不过你下压得更厉害，每一步都需要获取更多的摩擦力。在这个实验中，你将会看到你自己的越野滑雪板模型的工作原理。

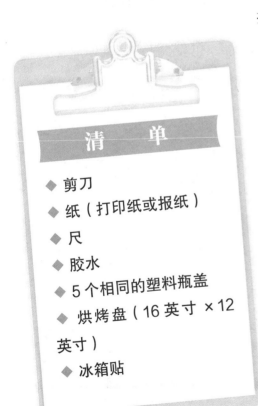

清 单

- 剪刀
- 纸（打印纸或报纸）
- 尺
- 胶水
- 5 个相同的塑料瓶盖
- 烘烤盘（16 英寸 × 12 英寸）
- 冰箱贴

玩 一 玩

① 剪下两张纸条（8 英寸 ×3 英寸）。

② 小心地将 5 个瓶盖的边缘涂上胶水。

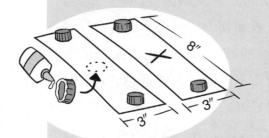

③ 在一张纸条两端（沿着纸边）的 3 英寸边的中间处各粘上一个瓶盖。

④ 对第二张纸条同样处理。

⑤ 将剩余的那个瓶盖尽可能粘在第一张纸条的正中间，使这张纸条上有差不多成一条直线的 3 个瓶盖。

⑥ 将带 3 个瓶盖的纸条纵向放置在烘烤盘上，使其一端接近盘子的窄边。

温馨提示

　　如果第 10 步没有做成功，请检查你的烘烤盘，或用一个能够吸引磁铁的东西来代替它。

7 把另一张纸条放在烘烤盘上距离第一张纸条6英寸的地方。将它轻轻地展开，伸展到与第一张纸条相同的长度。

8 小心地抬高靠近两张纸条的烘烤盘一端，直到两张纸条都滑下来。

9 将两张纸条放回原处，并将冰箱贴放在有两个盖子的纸条中间。

10 重复步骤8。第一张纸条会像之前那样滑下来，但第二张纸条会被冰箱贴固定住。

慢动作回放

在 这个实验中，纸条的滑动和越野滑雪板的滑动原理是一样的。第一张纸条上第三个瓶盖的作用就像越野滑雪板上的拱形，它顶起了你的脚，使脚不会被紧紧地压在雪地上并被"粘住"。第二张纸条展示了（当你上坡时）你的脚用力向下压会发生什么。

磁铁的"黏性"就像你的脚施加的份量，它"抓住"雪，让你可以再次把雪推下来（和推上去）。当你滑雪上坡（更像阔步行走）时，你会对每只脚轮流施加更大的压力。这就是滑雪板被压平的时刻，它导致滑雪板底部的特殊粘蜡或高摩擦材料接触到了雪。

真的能步行穿越厚厚的积雪吗

16 世纪初，法国商人前往加拿大时只惦记着一件事：皮草。美洲似乎能提供无限的货物，但那些皮草商人面临着一个大问题——加拿大连续数月一直被大雪覆盖。

法国人被困住了，直到美洲的原住民告诉他们如何制作雪鞋，这些雪鞋他们已经穿了几千年。雪鞋由曲木和错综复杂的交叉花边编织而成，当人走过雪地时，雪鞋会分散人体的重量。法国人把它们称为"球拍"，因为它们很像早期的网球拍。在冬天需要赶往较远的住处时，雪鞋仍然是必备冬季用鞋。多年来，人们也开始开发它们的娱乐用途，如探索冰雪覆盖的荒野地区。无论是出于本能、反复尝试，还是通过观察动物如何穿越雪地，早期的雪鞋设计者们懂得了它们的工作原理。

明白我的意思？

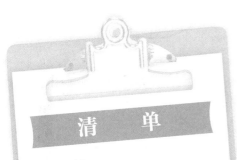

清 单

- 床单
- 8 个枕头
- 餐椅
- 帮忙的朋友
- 尺或卷尺
- 两个网球拍

美洲的古代居民不是几千年前唯一发明出雪鞋的人。斯堪的纳维亚半岛、中欧和北亚地区都已经发现了早期的雪鞋实物。当北美人继续开发更大、更有效的鞋子来穿越雪地时，大多数其他地区的人却转而发明了滑雪板，用以滑过雪地。但为什么传统的加拿大雪鞋的"网球拍"风格仍然很有魅力？让我们来看看这个实验。

1. 将床单铺在地上，把枕头叠成两堆，每堆 4 个，两堆枕头并排放置。

2. 把椅子放在两堆枕头旁。

3. 让你的朋友脱下鞋子，站在椅子上。

4. 让她小心地站到两堆枕头上，每只脚各踩一堆枕头。

温馨提示

　　床单是用来防止枕头与地面直接接触的。请确保枕头没有碰到地面。你也不要用爸爸昂贵的新网球拍——"越旧越好"是对你做这个实验的忠告。

5 当她稳定下来后，测量她的脚后跟与地面之间的距离。

6 让你的朋友从枕头上下来，然后帮你把枕头整理回蓬松状态。

7 将枕头和椅子按步骤 1 和 2 的要求放好。

8 在每一堆枕头上放一个网球拍，重复步骤 4 和 5。

慢动作回放

不难发现，网球拍代表了那些早年的法国商人在加拿大见到的"球拍"雪鞋，枕头代表了柔软的雪。没有雪鞋（当你的朋友只穿着袜子）的时候，人会陷下去，因为体重集中在了两只脚——一个相对较小的区域上。然而，雪鞋（或网球拍）将这些重量分散到了更大的表面积上。这意味着更多的雪支撑着一个人，重新分配了她的体重，所以她没有前面陷入得那么深。下面请你再思考一个例子：高跟鞋的鞋跟比大象的脚在沙地中陷得更深。它们背后是相同的原理——就差下雪了。

相关运动：单板滑雪	花费时间：5 分钟

单板滑雪运动员是如何做翻转的

　　单板滑雪是冬季奥运会上最吸引人的项目之一。运动员们在弯道上进行比赛，避开障碍物，并在跃到空中后表演一系列惊险动作。他们也在户外的教室里进行物理演示。

　　没错！每一个扭曲、旋转和翻转都是如动量、速度、质心和加速度之类的科学术语的组合，你可能认为它们只存在于黑板或课本上。

（有些成年人认为玩单板滑雪很低俗，要改变这种想法还得经历很长的一段路。）一些令人瞠目结舌的技巧，其关键在于能够驾驭一种叫作扭矩的特殊力量。这一切都是为了从转动和旋转中获得最大的能量。

谈谈扭矩

最引人注目的单板滑雪技巧之一是翻转。滑雪者在跃起前径直向下，以获得线性（直线）动量。当然，"诀窍"是将线性动量转化为角（旋转）动量。这就是扭矩起作用的地方。简而言之，扭矩就是引起旋转的力量。转动扳手松开螺母就是扭矩的一种形式。其他形式还有转动门把手，或者推开门使其靠铰链进行摆动。在每种情况下，物体都有一根旋转轴。在空中翻转的滑雪者以自身为旋转轴进行旋转，而他在跳跃之前所做的就是增加自旋。这个实验就是把从教科书上学到的扭矩应用到你非常熟悉的游乐场上的一个好方法。即使你没有意识到，你也会发现你一直在解决扭矩问题！

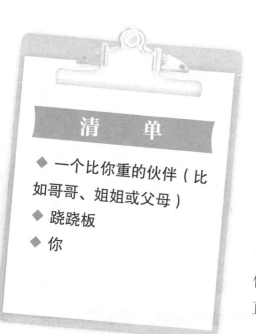

清　　单

◆ 一个比你重的伙伴（比如哥哥、姐姐或父母）
◆ 跷跷板
◆ 你

1 让你的伙伴坐在距离跷跷板中心两英尺左右的位置处。

2 跷跷板的另一边会被抬高，所以你得从中间往上爬。

3 你坐到和你伙伴相对的位置（离跷跷板中心约两英尺）。

4 你所在的那边仍然被抬高，所以你扭动身体继续慢慢向后挪动。

温馨提示

除了在游乐场上要采取常规的防护措施外，很难想象在这个实验中会有什么危险。

5 最终，你们俩会在跷跷板上达到一个平衡状态。

6 再往后挪动一点，你就会开始下降，而你的伙伴开始上升。

慢动作回放

你以慢动作所做的事情就是单板滑雪运动员在跃起翻转前所做的事情。这是扭矩的基本特征之一。毕竟，当你往后挪动的时候，你并没有逐渐变重，所以使跷跷板最终保持平衡的肯定是其他原因。

这又回到了一些基础科学的内容：延长杠杆以获得更大的扭矩，从而产生更大的力量。这就是在松开螺母时，用长扳手比用你的手指更有效的原因。当你向后挪动时，你给你那端的跷跷板创造了一个更长的杠杆，最终使得你有足够的扭矩来抬升起你的伙伴。这种类型的杠杆用到的物理术语是"力臂"，即力的作用线到转动轴的垂直距离。单板滑雪者以蹲伏的姿势开始跳跃。当他跃起时他伸直双腿，以增加他的力臂，就像你突然在跷跷板上往后退一样。这一举动猛然间给了他扭矩，让他能够完成那些大胆的翻转。

为什么滑雪板需要上蜡

单板滑雪运动员周围的任何一个人都知道，他们要花费很多时间将滑雪板上的蜡刮掉或者给它上蜡。滑雪板的底部已经很光滑了，为什么还要给它上蜡呢？这都是为了减少摩擦，对吗？让我们来了解一下蜡的作用，然后在实践中看看它是如何起到这些作用的。

让物体滑动

当你在滑雪（或滑冰）时，阻碍你顺畅滑行的最大敌人就是摩擦力，即当一个物体在另一个物体上移动时受到的阻力。滑雪板会在下面这些不同类型的摩擦中减速。

干摩擦：雪晶（锯齿状的雪花）会摩擦滑雪板的底部，它并不像你想象的那样光滑。上蜡有助于形成一道屏障，使凹凸不平的地面变得平滑。

湿摩擦：当雪部分融化，变得柔软并含有大量水时，滑雪板会将水集中在底部的小凹槽中，并试图粘住雪中的其他水分。（如果你试着分开两块湿玻璃，你可能也遇到过类似现象。）单板滑雪运动员使用含有防水剂的蜡来减少湿摩擦。

静摩擦：这有点难以想象，但是在雪地上滑过的滑雪底板是会产生静电荷的，这有点像当袜子从烘干机里拿出来时，让袜子粘在一起的静电荷。一种含有抗静电成分的特殊蜡正是研究者所需求的。

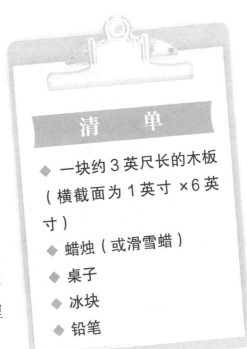

清　单

◆ 一块约 3 英尺长的木板（横截面为 1 英寸 ×6 英寸）

◆ 蜡烛（或滑雪蜡）

◆ 桌子

◆ 冰块

◆ 铅笔

还没有被弄糊涂吗？那就再看看这个：有一些蜡的作用是制造摩擦！也就是说，让制造的摩擦至少足以融化冰雪，形成一个光滑的表面，就像你滑冰时所发生的一样。

这个实验是一种快速观察蜡如何帮助处理干摩擦的方法。我们不是看一个物体如何在冰面上滑行，而是试图让冰块滑过一个物体（木板）。

1 用蜡烛的侧面擦拭木板，使木板的一个表面涂上一层光滑的蜡（如果你可以找到滑雪蜡的话，效果会更好）。

蜡

2 把桌子推到墙边。

3 把木板放在桌子上，涂蜡的那面朝上，窄端靠近墙。

温馨提示

如果你或你的父母担心会弄脏墙壁，你可以在木板后面的墙上贴上一张纸。

4 把冰块放在木板靠墙的一端。

5 慢慢抬高木板，当冰块开始下滑时停止。

6 将木板升高的位置仔细地标记在墙上。

7 把木板翻转过来，用未上蜡的一面重复步骤 3 至 6。

慢动作回放

你 应该会发现，你需要将未上蜡的一面抬得更高才能让冰块滑下来。这是因为额外的摩擦力使冰块保持静止——就像同样的摩擦力会减慢滑雪板的滑行速度。上蜡的一面减少了干摩擦，这意味着你不需要把木板抬得很高就能让冰块下滑。

想想看：木板的表面，就像滑雪板的底部一样，有不规则的纹理。冰或雪的碎片会卡在这些粗糙的纹理中形成干摩擦，而蜡则是阻止冰接触到它们的屏障。

第五章

户外运动

最早的体育赛事很可能是赛跑。早在2800多年前，就有跑步者参加了古代奥运会，他们来自如今属于希腊的不同地区。我们可以认为，人们早在那之前就已经举行过体育比赛。

当人开始有意识时，人类就一直在运动中。猜一猜，那些古希腊人看到悬挂式滑翔或赛车时会怎么想？很快他们就会明白，这些运动同样也是渴望能够更高、更快、更远，而这正是各个级别的运动员所追求的。无论是校园里的孩子，还是100米决赛中的短跑运动员，或者是努力把横杆再升高一英寸的撑杆跳运动员，他们都在利用科学来获得最好的成绩。

这些运动是如何把技巧、科学，甚至是大量技术结合起来，帮助运动员打破纪录、赢得比赛，或者只是为了获得乐趣？在这一章中，你将有机会了解更多。你准备好了吗？一起出发吧！

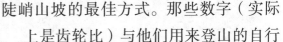

| 相关运动：自行车 | 花费时间：**10 分钟** |

齿轮如何帮助你上坡

"所以我想，用 44：11 过前面那座大山。"

"不行啊！这座山太陡峭了，应该用 22：34。"

你认为是谁在进行这样的对话——两台电脑？茶歇中的两位数学教授？不，这是两个骑自行车的人在讨论骑上陡峭山坡的最佳方式。那些数字（实际上是齿轮比）与他们用来登山的自行车齿轮有关。骑着你的自行车爬上陡坡的最佳方法就是找到合适的齿轮比，除非你身体强健、腿部有猎豹般的力量。科学家将齿轮归类为"简单机械"，用来增加力量和减少工作量。你很快就会看到它是如何运作的。

链式反应

大多数现代自行车，尤其是山地自行车，都有很多齿轮。看看你的自行车前方踏板底座处的那些齿圈（通常有 3 个齿圈）。链条分别连接这 3 个齿圈（称为"牙盘"）中的一个和后轮上的 7 或 8 个齿圈（称为"飞轮"）中的一个。牙盘和飞轮之间的关系决定了踩踏板的费力程度，以及每踩一圈踏板你前进的距离。如果踩一圈可以前进较长距离，那么你会很费力。但比较省力时，你前进的距离就较短，这对骑车上坡特别有用。

本篇开头的那些数指的是骑自行车的人所选择的齿轮比，也就是牙盘上的齿数与飞轮上的齿数之比。第一个数若较大（比如 44），表明你正在推动很多链条；第二个数若较小（比如 11），表明飞轮处的链条在使用较少的齿轮转动车轮。听起来是不是有点太数学化了？是时候找一辆自行车来自己检验一下了。

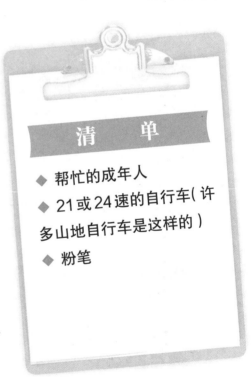

清　单

◆ 帮忙的成年人
◆ 21 或 24 速的自行车（许多山地自行车是这样的）
◆ 粉笔

玩 一 玩

1 让你的助手把自行车从地面上抬起来，好让你把前面牙盘的齿轮切换到最小值，再把后面飞轮的齿轮切换到最小值。

2 让你的助手放下自行车休息。在后轮胎上用粉笔做一个记号。

3 让你的助手再次抬起自行车，记住粉笔标记的位置，然后缓慢地转动一整圈踏板。（通过检查记号）记录后轮转了几圈。

温馨提示

自行车修理店有专门的夹子可以把自行车悬空固定。你可能没有这种夹子，所以要让一个成年人来充当你的施瓦辛格，承担举起重物的任务。记住：当你换挡时，你应该一直踩着踏板。做这个实验时也是如此。

4 让自行车保持抬起状态，把牙盘和飞轮的齿轮都切换到最大值。（如果你的自行车只能改变飞轮的齿轮，不用担心，你依然可以做这个实验。）

5 让你的助手再休息 30 秒左右。

6 重复步骤 3，（再次利用粉笔的记号）记录后轮转了几圈。

慢动作回放

比率是同一单位的数量之间的比较。自行车的齿轮比（开头的那些奇怪的数）比较了牙盘上的齿轮和飞轮上的齿轮。如果第一个数（你推动多少链条）比较小，就意味着你踩一圈踏板不需要很费力。你正在让上坡变得更容易。你现在想要让第二个数更大！这就是你刚才切换的那些飞轮齿轮，不需要再变动。现在踩一圈踏板对你的腿来说更容易了，但不会让你前进多远。

你可以把这个比率想象成一个分数：牙盘齿数除以飞轮齿数。踩踏板时，较小的比率（如14：44）比较大的比率（如42：12）"更容易"。还是有点困惑？你可以把较小的齿轮比想象成婴儿迈出的步伐，并把较大的齿轮比想象成成年人迈出的大步伐。骑自行车爬上山坡，就需要迈出像婴儿那样的小步伐，只是要多踩几圈踏板。

相关运动：自行车	花费时间：15 分钟

较重的人骑车下坡会更快吗

弗兰克叔叔整个感恩节都在吹嘘他在你这个年纪时是个多么好的自行车手，尽管他最后一次参加比赛是在 20 年前，但他依旧可以打败你。好吧，话不多说——来场比赛吧！

半小时后，你距离令人畏惧的山顶大约 300 码远。比赛开始时你让叔叔先出发两分钟，因为他"最近又胖了几磅"，但你正在接近他了。果然，你在山顶赶上了他。现在是回程的时候了，3 英里全是下坡。你已经尽了最大的努力，接下去不会有什么问题了，不是吗？

大块头的胜利

清　单

◆ 空的麦片盒
◆ 卷尺
◆ 有硬地板的走廊（或室外平坦的沥青路）
◆ 粉笔
◆ 滑板或购物车（详见温馨提示）

◆ 拖把
◆ 帮忙的朋友
◆ 大字典

你不仅对自己的骑车技能充满信心，你还认为科学也站在你这一边。弗兰克叔叔肯定很累了，所以他很可能会在回程的路上仅靠惯性滑行一路下坡。而重力（你可以靠惯性滑行的原因）拉动物体时会产生相同的加速度，不管物体的质量是多少。所以尽管你比叔叔要轻（这是一种温和的说法），你也会以同样的速度被拉下来，并一直保持略微的领先优势。只是，你那自信的叔叔认为科学站在他的一边，原因稍有不同。是时候去调查一下了。

1 将麦片盒竖立放在距离走廊尽头约 8 英尺的位置。

2 沿着麦片盒的前边缘在地板（或地面）上用粉笔画一个标记。

3 在第一个标记前方 10 英尺处再画一个标记。

4 将滑板拿到走廊的另一头。

5 站在滑板后面，将拖把放在滑板上，准备把滑板往前推。

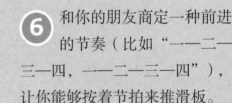

6 和你的朋友商定一种前进的节奏（比如"一一二一三一四，一一二一三一四"），让你能够按着节拍来推滑板。

温馨提示

　　如果打算在室内做这个实验，你得确保有足够的空间。如果空间太小（你可能需要 45 英尺的距离），你得去室外做。如果没有滑板，你可以问问当地超市的经理，能否借用他们闲置的购物车在大人的监督下于停车场做这个实验。前进的节奏不是为了娱乐，而是为了确保你施加了同样的力，所以一定要坚持这么做。

7 开始按节拍"前进",把滑板沿着走廊推到你做的第二个标记处。

8 当达到标记处时将拖把拿走。这可能有一点困难。

9 滑板会把麦片盒撞倒,然后继续前进。测量从"麦片盒标记处"到滑板停下来的地方之间的距离。

10 将麦片盒放回原处,将滑板再次拿到走廊的另一头,放一本大字典在滑板上。

11 重复步骤7至9。

慢动作回放

谁对于赢得这场比赛的分析是正确的? 这个问题的答案,在某种程度上说,是……你们俩。实验中的第二次前进增加了额外的质量,结果就像弗兰克叔叔那样,前进得更远了。的确,不管质量如何,重力确实对所有物体都产生相同的加速度。(美国国家航空航天局的宇航员展示了在月球上羽毛和锤子是同时落地的。)

但你那个讨厌的叔叔指出,我们不在月球上——地球上有空气阻力使我们减速,我们需要力量来克服它,从而使我们前进得更快。艾萨克·牛顿爵士证明了:力 = 质量 × 加速度。因为重力,你们有了同样的加速度。但是弗兰克叔叔的质量要大得多,这意味着他产生的(对抗空气阻力的)力量也会更大。呃……难道你不讨厌大人说对了吗?

玩滑板的人突然起身会发生什么

20 世纪 50 年代，穿着灯芯绒裤子和法兰绒衬衫的孩子们就踩着滑板在人行道上吵吵闹闹地滚来滚去，从那以后，滑板运动走过了很长的一段路。今天的滑板选手们将许多动作组合在一起，比如大胆的 1080 翻转（三个完整的半空翻转）和麦克扭（旋转扭转组合），以及像豚跳和踢翻之类的经典动作。因此，滑板表演看起来就像是体操、冲浪和街头英雄的超酷混搭。哦，它也像科学课。

玩滑板的那些人可能看起来不像典型的物理学家——尤其是在 U 形滑道上——但是他们的每个动作都包含着很多科学原理。

猛然起身

让我们看一个类似于 1080 翻转的精彩技巧展示，来发现其中的科学原理。主要的因素是高度——你需要一大块空地，让你获得足够的空间在半空中翻转 3 个筋斗。为了获得足够的高度，你需要在起跳时加速。这就是为什么玩滑板的人使用一个弯曲的滑行表面，一条 U 形滑道，来获得角动量（翻转或旋转的动量）。玩滑板的人在靠近最大弯曲点时蹲下，然后在滑板上猛然起身。结果是：突然增加的速度使他跳了起来。每次你把操场上的秋千荡得更高时，你也在做同样的事情。你的腿在秋千下摆时收起，然后在再次上摆时伸展开。通过这个简单的实验来看看你在做的事情，以及滑板运动员是如何应用完全相同的科学技术的。

清　单

◆ 气球

◆ 水

◆ 剪刀

◆ 绳子

◆ 圆珠笔管（笔芯外的塑料外壳）

玩 一 玩

1 吹大气球，再将气球中的空气放掉。

2 向气球内加入足够多的水，使它成为原来的两倍大，然后把气球扎起来。

3 剪一段差不多有你手臂两倍长的绳子。

4 将绳子的一端系在气球口子上，这样当你拿起绳子时气球就会挂在下面。

5 将绳子的另一端穿过笔管，一只手抓住绳子的一端，另一只手抓住笔管。

温馨提示

我们需要告诉你这个实验最好是在户外做吗？好吧，反正你已经在做了。

6 抓住笔管，使它与手臂一样高，另一只手拉住绳子，使气球自然垂下。

7 抓住笔管的手用力转圈，使气球也跟着转圈。

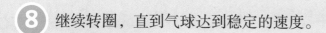

8 继续转圈，直到气球达到稳定的速度。

9 不要停止转圈，用另一只手拉动绳子，随着绳子长度变短，气球会转得更快。

慢动作回放

将 U形滑道想象成一个完整圆的一部分。每一次旋转，无论向上或向下，利用的都是角动量的力量。质心和圆心之间的距离决定了物体（比如这里的气球，或者是玩滑板的人）的移动速度。离圆心越近，旋转就越快。在玩花式技巧前的猛然起身，让玩滑板的人站得更高，把他的质心移动到离那个假想的圆心更近。这与拉动绳子非常相似，它让质心（气球）更加靠近圆心（你拿着笔管的手）。

相关运动：田径	花费时间：5 分钟

跳远运动员如何 在半空中 "行走"

跳远运动员开始奔跑，并在接近起跳线的过程中不断加速。在大约20步之后，她达到了最高速度，一只脚用力一蹬，身体跃在空中——她在空中跃行！参与这项奥林匹克运动的新手都希望自己能够双脚先着地，让伸展开的双腿获得最远的距离。

但就在这个阶段发生了奇怪的事情：在她跳跃的中途，差不多到达最高点时，她开始"行走"。她的脚与地面还有

些距离！这么做有意义吗？还是对之前所作努力的巨大浪费？好吧，世界纪录保持者（包括男性和女性）几十年来一直在使用这种技术，所以这么做一定是有用的！

游泳式跳远？

为了获得最具爆发力的一跃，跳远运动员用她的腿尽力蹬地，她的身体处在前方。但是为了获得最远的距离，她的双脚需要在身体之前落地。那么这中间会发生什么呢？这种"行走"会在哪里起作用呢？想象一下在跑道上冲刺时突然停下来。你身体的上部会开始向前冲。跳远运动员停止奔跑并起跳时正是如此。她的身体在角（旋转）动量的作用下绕着她的质心旋转。在半空中的"行走"被称为"走步式"，有助于反转运动姿势。当她接近着陆点时，她向上举起双臂，然后迅速下摆。这有助于让她的双腿向前摆动，这样就可以让双脚先着地，而她的线性（直线）动量将使身体的其他部分越过她的脚。下次去游泳时，你可以体验到同样的效果——现在就来吧！

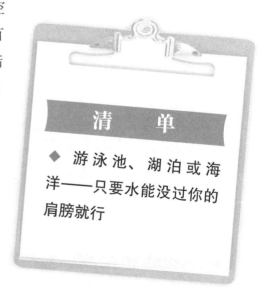

清　　单

◆ 游泳池、湖泊或海洋——只要水能没过你的肩膀就行

玩 一 玩

1 站在刚好没过你肩膀的水里，然后游一两分钟来适应水深。

2 确保周围没有人距离你很近。

3 主要靠蹬腿在水面上游动，让你的手臂尽量靠近你的身体。

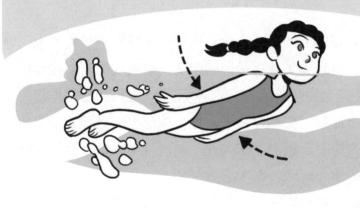

温馨提示

    在游泳时千万不要冒险。确保你不是独自一人，并且是在有救生员的被允许游泳的区域。在游泳前也不要吃太多东西。

4 让手臂继续靠在身体两侧，试着停下来并且站立住。

5 回到游泳状态，这次把手臂放在身体前方。

6 重复步骤 3，但是
让手臂在身体前方
快速向下摆动——而你的
腿也应该快速向前摆动，
从而让自己站起来。

慢动作回放

你 在步骤 5 和 6 做的动作与跳远运动员跳远结束前的动作几乎完全相同。就像你一样，她的双臂一直抬到身体的上方（在这个实验中是放在你身体的前方）。然后她将它们迅速下摆，让她的双腿向前摆动到理想的着陆位置。所有这些游泳和空中走步动作都取决于角动量，这有点让人迷惑，因为它通常涉及旋转，而不是呈直角的运动。但就像所有的动量一样，它也是守恒的：动量可以被转移，但不会消失。你的双腿猛然向前摆动就是为了"达到守恒"——或（在这种情况下）平衡你双臂摆动的动量。

为什么撑杆跳高的撑杆可以弯曲

　　对我们这些胆子不是很大的人来说，撑杆跳高是一项类似悬崖跳水或自由降落跳伞的令人望而生畏的活动。我们惴惴不安地想：难道他们就找不到一根更坚固的撑杆吗？那根撑杆弯得太厉害了！但事实证明，那根撑杆虽然会弯曲，但是很坚固——这是在碰撞过程中传递能量的理想组合。如果这听起来更加令人担忧的话，那就继续读下去。

你将会看到，撑杆跳高运动员是如何在追求高度的同时利用科学来保证他们的安全。

荡秋千的好时光

撑杆跳高是能量守恒的一个很好的例子，它告诉我们能量不能被创造或消灭，只能被转移。撑杆跳高运动员首先获得很多势能（比如她早上吃的麦片和她自身的肌肉力量）。当她靠近横竿并猛然加速时，她将那些势能转换成动能。但是要想离开地面，能量也需要从水平方向转移到垂直方向，这就是撑杆起作用的地方。撑杆越弯曲，它储存的势能就越多。由于牛顿第三运动定律（对于每一个作用力，都会存在一个方向相反、大小相等的反作用力），撑杆把势能转换为垂直方向的动能，从而让运动员向上跳起。这里有一个你可以在操场上做的实验，只要你能找到一个足够勇敢的相信能量守恒的成年人。他们应该相信的！

清 单

◆ 空心砖
◆ 秋千（有平座，但不是帆布平座）
◆ 勇敢的成年人
◆ 剪钳
◆ 结实的塑料电线
◆ 帮忙的朋友
◆ 6 至 7 英尺长的木板（任何厚度皆可）

玩 一 玩

1 小心地把空心砖放在秋千上。

2 在成年人的帮助下（如剪断电线），用3根电线将砖块固定在秋千上。

3 你和你的朋友一人抓着秋千的一边把它向后拉，直到它摆到离地大约5英尺处。

4 让成年人贴着秋千的正后方站立，让秋千几乎快碰到他的鼻子。

温馨提示

请记住非常重要的两点：

1. 确保成年人的头碰到木板，且木板保持平直。人们常常会将身体向前倾……这样不好！

2. 你的朋友应该只是放手，而不是推动秋千。因为推动会使秋千获得额外的能量，并会在摆回来时产生麻烦。

5 调整秋千和成年人的位置，以防秋千有任何松动；秋千链条应该很牢固。

6 让你的朋友继续举着秋千，你把木板竖起来，让它碰到成年人的后脑勺。

7 让成年人站着保持不动，并让他始终将脑袋触碰到木板，直到实验结束。

8 让你的朋友放手，注意不要推动秋千，让它向前摆动。

9 秋千会摆回来，几乎要碰到成年人，但不会真的碰到。

慢动作回放

这个实验看起来不太像撑杆跳高，但它的确依赖于能量守恒原理。当你把秋千拉起来的时候，秋千会积累很多势能。当你释放它的时候，这些能量在向前摆动的过程中转化为动能，就像撑杆跳高运动员一样。总的能量（势能加动能）保持不变——它只是改变了形式。当砖块在另一侧上升时，动能开始再次储存为势能。一旦动能全部被转移，"钟摆"（秋千）又开始摆回来了。但是等等！既然所有的能量都转移了，为什么秋千不能一直来回摆动呢？这是因为有些能量通过摩擦甚至声音转化成了热能，所以在摆回来的过程中动能并不完全相同。

相关运动：田径	花费时间：5 分钟

为什么铁饼运动员要先旋转

铁饼的历史可以追溯到几千年前古希腊的古代奥运会。今天我们当中很少有人练铁饼，但我们似乎都知道该如何做：扔它！但如何扔呢？当我们要扔东西时，不管是足球、棒球还是标枪（那是另一个田赛项目），主要

是以线性（直线）的方式完成的。先来一段简短的助跑，然后把东西向前扔。但是铁饼运动员不会以直线的方式来完成比赛。事实上，他们会在一个小的空间里旋转，然后再把铁饼扔出去。那么这些旋转运动怎么能转化成直线投掷呢？

谈谈铁饼

铁饼运动员在旋转大约一圈半后，将他的力量转化为动能。同时，向心力——即铁饼运动员将铁饼拉近自己身体的力量——也会增加。向心力将物体直接拉向圆周运动的中心，在这种情况下就是铁饼运动员自己。当他松手时，向心力停止，角（旋转）速度转换成了线性（直线）速度，这让铁饼以与半径（从圆心到旋转边缘的假想线）呈 90° 的方向飞了出去。换句话说，它在旋转后以直线飞了出去。

这里有一个在向心力作用下以更小的圆进行运动的实验。也许你最终会找到专属于你的掷铁饼方法。

清　单

◆ 硬币
◆ 气球

玩 一 玩

① 把硬币塞进没气的气球里。抓
住气球的打气孔，确保硬币滑
进气球内部。

② 吹鼓气球（里面装着硬币），
然后把打气孔系上。

③ 将气球握在你的手掌内，打气
孔向下，你的手指包在气球周
围。

温馨提示

一个透明（或接近透明）的气
球会让这个实验效果更好，你可以
看到里面发生了什么！

4 把气球翻过来，使夹在你手掌里的打气孔那端朝上。

5 抓着气球画圆圈，使硬币开始在气球内部旋转。如果硬币只是来回反弹，你可能需要多尝试几次。

6 最终你可以使硬币平稳地旋转起来。

慢动作回放

气球的内壁提供向心力来保持硬币旋转。铁饼运动员的手臂也做了同样的事，让铁饼靠近他自身。如果气球突然破裂，硬币就会停止旋转，像铁饼一样直线飞出去。

相关运动：田径	花费时间：3 分钟

跑马拉松时为什么不能全程冲刺

传说在公元前 490 年，一位名叫斐迪庇第斯的士兵跑了将近 25 英里向雅典人报信，告诉他们在马拉松战役中取得胜利的消息。他精疲力竭，到达后只传达了一个简单的信息——"胜利"，便倒地身亡。

现代奥运会和世界各大城市举办的现代马拉松比赛，路程要稍长

一些：42.195千米。马拉松比赛的世界纪录只有两个小时多一点，这是一项了不起的成就。但是，如果让世界上跑得最快的人，比如100米纪录的长期保持者博尔特，以高速去跑一场马拉松，结果会怎么样？如果他每100米平均跑10秒，他会在1小时10分钟内跑出大约42 000米。嘿，那些马拉松选手最好小心闪电般的博尔特！不过事情并没有那么简单。

感受燃烧

每次肌肉收缩，身体就会燃烧葡萄糖（一种提供能量的单糖），然后把它分解成乳酸。正常情况下，乳酸会随血液流动，然后在肝脏被分解后排出体外。当肌肉快速燃烧葡萄糖，身体无法迅速分解乳酸时，麻烦就来了。这就是当我们"过度"运动时所发生的事情，身体会有办法让我们停下来：抽筋、胃痛，甚至呕吐。马拉松运动员在整个比赛中都保持着不超越警戒线的安全状态，平均每英里5分钟。但是没有人能全程冲刺。在接下来的实验中，你可以短暂地（并且无害地）"感受燃烧"。你不需要做满两个小时，这很不错！

清　单

◆ 带弹簧的木质衣夹
◆ 可以计时的手表、钟或手机

玩 一 玩

1 伸展手臂握住衣夹，哪只手都可以。

2 数一下 60 秒里你可以捏几次衣夹。

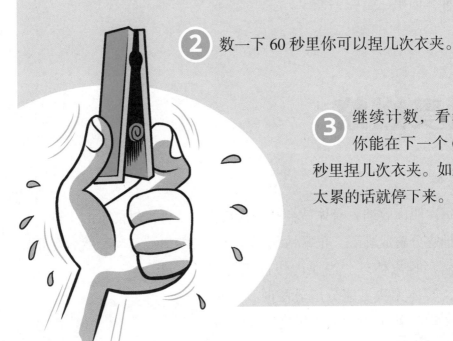

3 继续计数，看看你能在下一个 60 秒里捏几次衣夹。如果太累的话就停下来。

温馨提示

不要因为怕累在刚开始的 60 秒内就停止这个实验。你将比预期更早地了解科学原理。

慢动作回放

即使在第一个 60 秒，你也有可能"感受到燃烧"。你的肌肉燃烧葡萄糖的速度足以让乳酸开始堆积了。这只是警告信号之一，表明你的肌肉用力过度了，而这肯定会发生在试图以冲刺方式跑马拉松的人身上。如果你把捏衣夹的速度放得很慢，你会发现你可以坚持得更久。这就是为什么马拉松选手在比赛过程中会调整自己的步伐。

相关运动：田径	花费时间：20 分钟

合适的鞋子可以带给你优势吗

最基本、最自然的运动无疑是跑步，这可以追溯到史前人类追赶动物或被动物追赶。因此，跑步成为最早的有组织的体育运动之一，远远早于古希腊举办的古代奥运会，也就不足为奇了。

那些早期的运动员赤脚跑步，后来的跑步者穿着普通的步行鞋，直到 20 世纪才有人专门为跑步设计了鞋子。这是一个争取花费时间更短的问题！

不太可能兼顾？

人们跑到商店买"跑鞋"主要有两个原因。首先，跑鞋能保护脚，所以跑过一英里又一英里后不会造成持久的伤害（或产生严重的水泡）。许多跑鞋使用吸汗的织物和贴身的缓冲材料来增加舒适度。另一个原因是让人跑得更快，尽管这不容易证明。一些新设计以轻质材料为特色，声称能提高跑步者的速度。毕竟，如果你走的每一步都承担着较轻的负重，你就会消耗更少的能量，感觉更少疲劳。但是，想真正缩短你的比赛时间，归根结底要靠能量守恒定律。如果你每一步的动能可以更多地被"反弹"，而不是被声音、热量和振动吸收，那么你将消耗更少的能量并获得一定的速度。但如何才能得到"反弹"呢？是时候做实验了。

清　单

◆ 帮忙的朋友
◆ 码尺或米尺
◆ 桌子
◆ 椅子
◆ 网球
◆ 水
◆ 海绵

玩 一 玩

1 让你的朋友把尺竖直放置在桌上，尺上的刻度对着她。

2 站在椅子上，将网球拿到尺顶端的高度。

3 放下网球，注意它反弹的高度。

温馨提示

确保不要在灯、陶瓷或其他易碎物品旁做这个实验。注意不要从椅子上摔下来！

4 把海绵浸泡在水里，然后拧干，使它有点潮湿但不是很湿。

5 把潮湿的海绵放在尺的底部，重复步骤 2 和 3。

6 可选项：试着用书本、毛巾、手套、沙子等不同材质的物品重复上述步骤。

慢动作回放

你正在进行材料测试，看它们是否提供弹性或非弹性碰撞。记住，弹性碰撞保持了更多的动能，可以使网球（或跑步者）用更少的能量来进行下一步。非弹性碰撞吸收了大部分能量，但对于跑步者来说，这种"软"接触会让跑步更舒适。

正如你所看到的，一种材料通常只能提供其中的一种优势，而不是另一种，这取决于购买者是为了追求舒适感还是为了突破个人最佳成绩。但是热塑性聚氨酯（TPU）——一种跑鞋中的新材料，声称能兼顾两者。根据你自己获取的数据，你选择的材料中有哪一种最接近于结合了这些优势？

悬挂滑翔运动员 如何在空中停留

也许你已经见过这种能像秃鹰或老鹰一样在天空中缓缓盘旋的东西。它初看起来像一个三角形的风筝，或是某种降落伞，但不同的是它似乎还会上升。按照牛顿的观点，这是怎么回事呢？好吧，你看到的是一名悬挂滑翔运动员，抓着帆翼的他实际上是在控制帆翼，就像飞行员开飞机一样。仅仅让自己悬挂在这种没有引擎的飞行装置下就需要很大的勇气，要让它能在空中停留就需要更多的技巧。那么他们是怎么做到的呢？

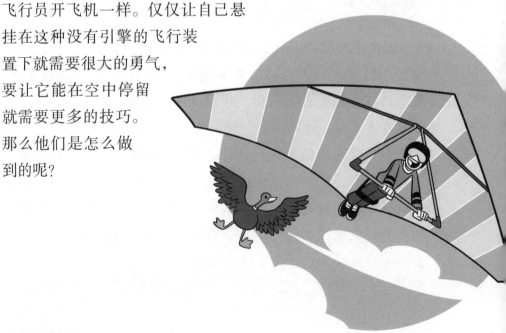

感受到气流了吗？

当你谈论（任何在空中）飞行的器械（从纸飞机到航天飞机）时，你主要考虑的是升力和阻力。升力是一种让飞机飞起来的向上的力量，提供升力的是机翼。但是阻力的作用正相反，比如会让速度减慢的空气阻力。飞机设计人员经常会谈论升阻比，或者某个机翼设计会产生多少升力和阻力。他们通常希望能获得很大的升力，而且阻力很小。悬挂滑翔运动员能在空中停留很长时间，因为帆翼非常轻便，并且可以在没有引擎的情况下提供升力。这就解释了为什么一名悬挂滑翔运动员能够像一架从陡峭山坡上抛出去的纸飞机一样漂浮。但是如果没有控制飞行的运动员，帆翼的飞行时间不会太长。一名好的运动员可以探测到空气流动，使滑翔帆翼保持悬浮，还常常能让它上升。这些有助于漂浮的气流被称为上升气流，你可以在下面这个实验中为自己创建一个。

① 1（美制液体）盎司 =29.57 毫升。

清　　单

◆ 开罐器
◆ 3 个空的、干净的金属罐（10 盎司①左右）
◆ 胶带
◆ 两枚回形针
◆ 油灰
◆ 图钉

◆ 两本相同大小的书
◆ 靠窗的桌子，能被阳光照到
◆ 尺
◆ 铅笔
◆ 普通打印纸（裁成 6 英寸 ×6 英寸）
◆ 剪刀

玩 一 玩

1. 用开罐器分别打开每个罐子的顶部和底部，并丢掉盖子。

2. 将3个罐子接起来，堆成一个塔，在每个连接处周围绕上胶带，以确保塔的牢固。

3. 将两枚回形针分别拉直，并将它们以相对的位置分别用胶带粘到罐子内侧，从顶部伸进去约0.5英寸。

4. 小心地弯曲回形针上端，使两枚回形针碰到一起形成一个拱门。

5. 用一小段胶带固定这个拱门，在上面放一滴豌豆大小的油灰。

6. 小心地将图钉圆面粘到油灰上，尖端朝上。

温馨提示

你可以在任何时候做这个实验，但是最好选一个阳光明媚的日子，这样实验更容易成功。

7 将两本书放在桌面上，中间相隔约两英寸，把罐子拼成的塔放在书间的空隙上方，并让两本书上接触的部分一样多。

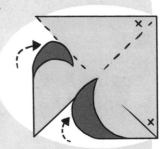

8 拿出方形纸片，从纸片的 4 个角沿对角线向中心分别画出 4 条长 1/4 英寸的线，并沿线剪开。

9 将同侧的 4 个小角向内弯曲到中心位置（其余 4 个小角不动），并粘住，做成风车风扇。

10 小心地将风扇（4 个角粘住的一面向下）钉在图钉上。

11 当阳光照射在风车上时，风扇就会开始旋转。

慢动作回放

悬 挂滑翔运动员可以像风筝一样穿过微风和强风，但要在空中停留较长时间，则需要找到上升气流。这些上升的空气通常是温暖的，例如从被阳光烘烤的岩石上升起的空气。你在这个实验中创建了一个上升气流。阳光加热了塔内的空气，空气上升并带动风扇旋转。由于你留在塔底部的空隙，不断会有新的空气被吸进来并被加热。新的空气填满了离开的空气留下的空间。

蹦极者能够一直蹦上蹦下吗

数千年来，人们一直想尝试制造出一种"永动机"，一种一旦启动就可以永久工作下去的设备，但是都失败了。有些设计依赖于水的流动，而另一些则使用磁铁来维持其工作。甚至达·芬奇也参与其中，

设计了一个带有滚珠轴承的偏心轮来保持转动。仔细的研究及实际的测试都表明，这些设计都不会起作用，因为有些力量最终会阻止它们。但是如果它们非常复杂又会怎么样呢？也许一种流行的新消遣——蹦极，可以解决这个古老的难题。那些蹦极的人会一直蹦上蹦下，直到有些力量终止他们，是这样吗？

鸡蛋蹦极

你现在有机会将蹦极的兴奋（和悬念）与对永动机的一些调查研究结合起来。先简单解释一下这项惊心动魄的极限运动：蹦极就是身上连接着一根弹性绳索从高处跳下。蹦极者一直下落到绳索完全展开，人的头部几乎接触到地面，然后绳索在最后一刻把蹦极者突然拉起。你现在可以让一颗勇敢的鸡蛋作为蹦极者，重现蹦极的过程。虽然不是从金门大桥往下跳，也不是跳入大峡谷，但是起作用的是同样的科学力量。

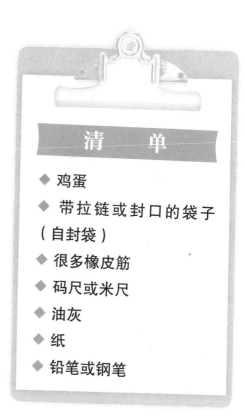

清　单

◆ 鸡蛋

◆ 带拉链或封口的袋子（自封袋）

◆ 很多橡皮筋

◆ 码尺或米尺

◆ 油灰

◆ 纸

◆ 铅笔或钢笔

1 将鸡蛋放进自封袋中并封好袋口。

2 将自封袋的一角与一根橡皮筋打个结（你可以把袋角扭成一长条，再捏住橡皮筋，把它们想象成鞋带来打结）。

3 将测量工具（码尺或米尺）靠墙放置，一端接触地面，"0"刻线一端朝上。

4 用油灰将测量工具粘在墙上。

5 一只手拿着装有鸡蛋的自封袋，另一只手抓着橡皮筋另一端，让鸡蛋从尺的"0"刻线处下落。

6 记录鸡蛋到达的最低点。你可能需要多做几次，计算平均值，才能得到较准确的数据。

7 在橡皮筋末端用活结再系上两根橡皮筋，以加长"蹦极绳"。

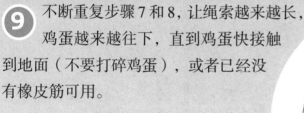

8 再次让鸡蛋下落，多次测量下落的最低点，并记录平均值。

9 不断重复步骤7和8，让绳索越来越长，鸡蛋越来越往下，直到鸡蛋快接触到地面（不要打碎鸡蛋），或者已经没有橡皮筋可用。

10 当你不再继续加长绳索后，再次让鸡蛋下落，并让它蹦上蹦下直到停止（希望鸡蛋不要碎）。

温馨提示

在这个实验中，当鸡蛋越来越靠近地面时要格外小心。观察每个阶段下落的距离，差距会越来越大还是保持不变呢？根据你的判断，加长或缩短绳索以进行验证。噢，对了，不要用家里的最后一个鸡蛋，万一你判断错了呢！

慢动作回放

蹦极是能量守恒的一个很好的示范。蹦极者（或鸡蛋）在高处时有很大的重力势能。随着下落，重力势能被转化为动能。然后，当绳索（或橡皮筋串）伸展到其极限时，动能转化为弹性势能。当绳索拉回来时，回弹再次将弹性势能转化为动能。

但是，正如你看到的，这个过程不会永远持续下去。能量并没有消失，它只是转化为其他形式的能量，如热量（来自摩擦）、绳子上的小颤动和噪音（你可能会听到微弱的颤动音）。所以，如果你想让鸡蛋一直运动下去，你肯定会失望的。还是去做一个煎蛋卷吧！

赛车为什么要有尾翼

底盘低到地面，两侧是巨大的车轮，刚够驾驶员坐进去的空间……赛车看起来一点也不像妈妈接送你上学的家用车（除非你妈妈是赛车女神丹妮卡·帕特里克）。许多赛车技术最终都在乘用车上出现，比如高科技刹车、悬挂系统和车载电脑，其中有一个部件特别引人注

目——后备厢上方的"尾翼"。这些车以超过每小时 200 英里的速度飞驰，但是为什么它们不能像飞机一样起飞呢？

起飞失败！

如果你在思考为什么尾翼和速度的强大组合不会导致飞行，那么你走上正轨了。你可能还记得，飞机的机翼设计为翼型，其顶部为曲面，下部为平面。经过曲面的空气行进的路程比其他位置的空气更长（因此其速度也更快），这导致压力会变小。这就是伯努利原理。没错，赛车的尾翼与飞机的机翼是一样的形状，不过它们是倒过来的！所以压力更大的那一面在上方，这让赛车在路上行驶时更安全。简单吧？确实是这样。这让你重新认识了伯努利原理。想一想，翼型的曲面向上或向下时，分别是如何起作用的。

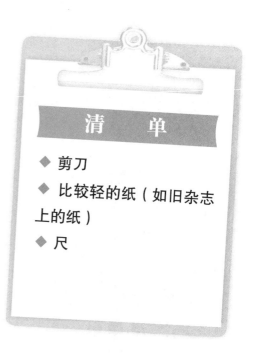

清　　单

◆ 剪刀

◆ 比较轻的纸（如旧杂志上的纸）

◆ 尺

玩 一 玩

① 剪一张 10 英寸 × 2 英寸的纸条。

② 将纸条的窄边放在嘴边，双手捏住窄边的两端使纸条自然下垂。

③ 在纸条上方持续吹气，纸条尾端会上升。

④ 将纸稍微抬高，放在你的鼻子和上唇之间。

⑤ 再次从纸条下方吹气，这一次纸条会被气流压下来。

温馨提示

　　在步骤 4 和步骤 5 中，一定要确保纸张贴近你的鼻子与上唇之间，否则吹出的气流可能会有一部分经过纸的上方，影响实验效果。

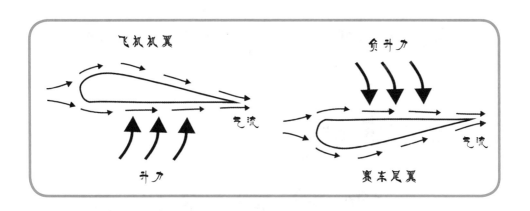

飞机机翼

负升力

气流

升力

赛车尾翼

气流

慢动作回放

在不到两分钟的时间里，你已经展示了翼型设计如何为飞机提供升力（飞行所需的向上的力，步骤3），以及如何为高速赛车提供负升力以帮助它"稳定在路面上"（步骤5）。这完全是因为伯努利原理证明了在曲面上空气流速大，从而使压力减小。我们会在乘用车上看到这些尾翼吗？答案是肯定的，已经有厂商这么做了。它们通常被称为阻流板，你可以在很多车子后面看到这个结构。这些阻流板不是为了帮助汽车以每小时200英里的速度行驶，而是为了减少阻力（空气阻力），从而使汽车可以节省燃油。

相关运动：走绳索	花费时间：20 分钟

可以在家里走钢丝吗

你可能见过马戏团的走钢丝演员在马戏大帐篷里表演，或者是其他勇敢的走钢丝表演者越过曼哈顿摩天大楼、越过沙漠峡谷，或者越过尼亚加拉大瀑布。我们可能会认为走钢丝的人很特立独行，他们以我们做梦都想不到的方式在冒险。不过在后院或公园里开展的接近地

面的走绳索运动已经变得越来越流行了。走绳索所用的"绳索"是一种平直的可调节张力的网，你可以在上面行走或玩杂耍。走绳索还是一种理想的"自我体验"运动，因为人们可以在任何地方体验它。只要将绳索挂到树或柱子上，就可以尽情狂欢，结束后收拾打包继续前进。

走绳索者的秘密

尽管远没有走钢丝那么危险，但走绳索运动仍然与玩命的走钢丝运动有许多相同特点。最重要的是，任何一种绳索行走的关键都是要意识到你的质心——物体中所有质量的平均值所在的那个点（即使那个物体是你本人）。简而言之，你可以想象物体的所有质量都集中在那个点上。你可以在这个实验中学习更多关于质心的知识，但是结果可能会让你大吃一惊。

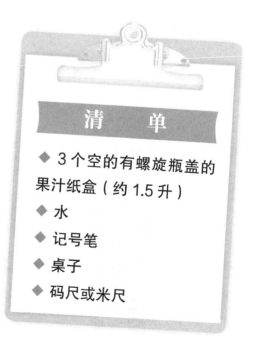

清　单

◆ 3个空的有螺旋瓶盖的果汁纸盒（约1.5升）
◆ 水
◆ 记号笔
◆ 桌子
◆ 码尺或米尺

1. 将一个纸盒装满水后拧紧盖子，并标记为"满"。

2. 将第二个纸盒装一半水后同样拧紧盖子，并标记为"半满"。

3. 第三个纸盒不装水，将它标记为"空"。

4. 将三个纸盒在桌子上排成一行，用尺将它们摆齐。

5. 在开始步骤6前，先预测一下哪个纸盒最稳定。

温馨提示

　　这是一个普通实验，不需要特别的警告或安全建议。只要将纸盒的盖子拧紧就可以了。

6 将尺贴紧三个纸盒的背面放置，距离纸盒顶部约 1 英寸。

7 缓慢向前推动尺，观察三个纸盒哪个最先倒下，哪个其次倒下，哪个最后倒下。

慢动作回放

半满的纸盒最坚挺，这是否令人惊讶呢？你不应该惊讶，因为质心较低的物体通常更稳定。装满水的纸盒似乎应是保持直立最久的，毕竟它的质量最大。但是半满的纸盒的上半部分主要是空气，所以其质心要低得多。

这和走绳索运动，甚至和走钢丝运动是一样的。保持你的质心向下，更靠近绳索（或钢丝），有利于你保持稳定。诀窍是：让绳索轻微地左右摆动（记住，它是松弛的，不是紧的）以使支撑基础保持在你的质心下方。不相信吗？你可以试着笔直站在绳索上和蹲在绳索上，在两种情况下让朋友小心地推动你。这两次尝试会让你明白，更低的质心会更稳定。

拔河比赛中有什么科学

当你听到"拔河"这个词时，你会想到什么？操场？夏令营？泥泞的衣服？绳子之争？有没有想过"世界锦标赛"？是的，每年都有成年拔河团队争夺世界拔河锦标赛的冠军，这个比赛是由国际拔河联合会组织的。

就连科学家也参与其中。这并不奇怪，只要涉及质量、速度和动量，你就会发现有科学家在研究它。他们的一些发现为哪支队伍可能赢得拔河比赛提供了线索。

力的结果

这个实验的核心是牛顿第二运动定律，它检验质量、力和运动。移动物体所需要的力与它的质量成正比。换句话说，如果一个人推开另一个体重是他两倍的人，那么这个较轻的人移动的距离会是较重的人的两倍。（或者从他们的角度来看，较重的人只移动一半的距离。）你自然知道：如果你用同样的力量扔一个高尔夫球和一块沉重的砖块，高尔夫球会飞得更远。你可以在下面的实验中尝试做一些类似的计算。

清　　单

◆ 3本质量差不多的精装书（不用太厚，每本约200页）

◆ 光滑的桌面或工作台面

◆ 护目镜

◆ 4枚大回形针

◆ 两根长约6英寸的橡皮筋

◆ 码尺或米尺

◆ 钢笔（或铅笔）和纸

◆ 胶带（可选择）

玩 一 玩

1 把两本书放在桌子上，书脊相对，相距大约 6 英寸。

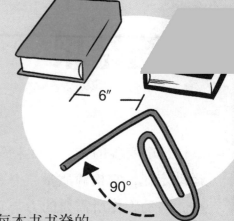

2 戴上护目镜，将 4 枚回形针的一端都拉成一个直角。

3 将回形针拉成直角的一端插入每本书书脊的顶部和底部，未拉直的一端指向另一本书。

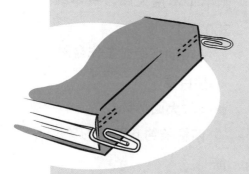

4 用橡皮筋连接插入两本书中的回形针的未拉直的一端，使两根橡皮筋平行。

5 向外平移两本书，使橡皮筋处于紧绷状态。

6 把尺的中点置于书本之间的空隙处，尺的长度要能延伸到每本书之外。

7 眼睛盯住尺上的刻度，将书向外平移相同的距离。

8 让两本书之间的距离大约为 9 或 10 英寸。

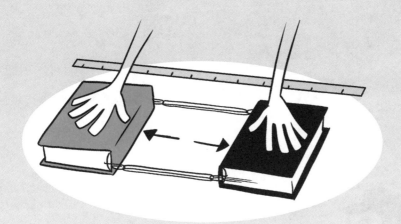

9 放开手，记录两本书分别移动的距离，然后再重复两次，计算三次得到的结果的平均值。

10 将第三本书（其质量应该与这两本书差不多）放在其中一本书上。

11 重复步骤 7 至 9，记录并计算平均值。

温馨提示

　　用 3 本完全相同的书会得到非常好的实验效果，如果没有的话，也要让 3 本书的质量尽可能接近。如果很难将回形针拉直的一端插入书脊中，你也可以将它粘到书脊外侧，并让未拉直的一端能够彼此相对（同步骤 3）。护目镜的作用是防止回形针不小心弹到眼睛上。

慢动作回放

在整个实验过程中，你施加的力是相同的（每次移动相同的距离）。当两边的书质量相等时，移动回来的距离应该是一样的。但是当你在其中一边加上第二本书使其质量加倍的时候，你应该发现，较重的一边只移动了较轻一边的一半距离。在一场拔河比赛中也是这样：总体重更大的队伍更有可能赢得胜利。比起总体重较小的队伍，总体重较大的队伍（拉动相同的距离时）产生的力更大。这将使他们在力上具有优势。而如果双方体重差不多，那么拔河时要花费更大的力气。双方势均力敌！

是什么让飞盘飞起来

从小孩到大学生到金毛猎犬，几乎都喜欢玩飞盘。你既可以组团队、定规则来玩一场大型游戏，也可以只是在后院和朋友一起玩。不过，你可能需要向一位头发蓬松卷曲的穿白衣服的科学家请教一些问题，

他解释了陀螺力矩和气压之间的关系。等等,你是不是已经见过他了?

无论如何,他是对的。旋转的飞盘是陀螺力矩的一个很好的例子,即旋转物体具有保持其方向的趋势。这就是为什么飞盘在大部分飞行过程中都处于水平位置的原因。不过,飞盘能在空中维持水平的原因现在可能已经被众人熟知了(因为许多运动都运用了这一原理):伯努利原理。关于我们的老朋友伯努利,你已经知道不少了吧?好吧,这个实验可能会让你了解更多。

随波逐流

下面的奖项要颁给用最快的实验展示一个复杂科学原理的人,他只用了2.23秒,他是……当当当当……随波逐流!嘿,等一下,就是下面这个实验!让我们来看看。

清　单

◆ 厨房水龙头(水槽越深越好)

玩 一 玩

1 将水龙头开到最大。

2 观察水龙头附近和底部的水流宽度。

温馨提示

　　千万不要忘记把打开的水龙头关掉，否则事情会变得很糟糕。

抓起飞盘，看看它的侧面。你会看到飞盘顶部的曲线平缓向上，再平缓向下，因此其"前缘"（通过空气时前面的边缘）总是弯曲的。飞盘的底部边缘则是水平的。这和飞机的机翼设计类似，当然，这个设计运用了伯努利原理。流过弯曲顶部的空气移动得较快（因为需要移动更长的距离），因此压力也就较小，而流过底部的空气移动得较慢，压力较大，这推动了飞盘上升。

回到水龙头实验：伯努利原理描述了流体发生的情况，流体包括气体（如空气）及液体（如流动的水）。水从水龙头流出时，会加速并使压力减小。当水流撞到水槽的时候，宽度会变窄，因为空气推动了快速流动、被"减弱"了的水流。

第六章

球拍、球杆和球

这里是科学和运动迎头碰撞的地方。拿起一本高尔夫球杂志，你会看到十几篇关于如何站立、如何挑选最好的球杆、如何进行长距离推杆，以及如何保持镇定的文章。你还会发现更多的页面上有能帮你做到这些的产品广告！"试试这个新手柄。""为力量和距离设计的球杆。""用这根新的推杆打进更多球洞。"

那网球呢？毕竟它只有两个球拍和一个球，对吧？先别那么急，看看 20 世纪 70 年代的经典网球比赛片段吧。不要看着球员的"超短裤"傻笑，我让你看的是球拍——它们非常小，并且是用木头做的！怪不得那些连续对打看起来像是儿童玩的拍手游戏。

是的，技术确实与这些运动有很大的联系，但无论你在运动装备上花了多少钱，你总有机会利用科学来获得最佳的运动技能。你很快就会明白的。

打网球时如何发球

如今，最专业的网球运动员能够以每小时 120 至 130 英里的速度发球，现代网球几乎是"力量的游戏"。几十年前，一名顶级球员每场比赛可能会打出 10 个 ACE 球，但现在，经常会出现 25 个左右。那么，该如何解释这种"力量的爆发"？嗯，职业球员现在有健身教练和营养专家，而且现代的球拍也起了很大作用：球拍顶部的很多区域（穿弦区域）和框架都由特殊材料制成，这在过去是人们做梦也想不到的。

但是为什么即使有很棒的球拍，"普通"玩家仍然会觉得他们的发球力量不够呢？一个简单的技巧就能让你的发球大不相同。

服务员上菜

大多数初学者或中级选手的问题是害怕击球，所以我们会尝试用"服务员上菜"的技术来确保安全。（试想一下，一名服务员如何用肩膀托着一盘饮料，使托盘与地面平行，这就像一个网球初学者小心翼翼地端着球拍的样子。她把球拍当成苍蝇拍，笔直向下拍打。）现在想象一下，你不是一直让球拍正对网球，而是把它放在脑后。你仍然将球拍向前和向下挥动，但只在击球前的最后一刻轻弹手腕发力。这叫作"内旋"，它提供了真正的力量。

在科学术语中，内旋是扭矩的一种形式，或引起旋转的力。关于内旋的奇怪之处是，大多数人已经在其他运动中很自然地运用它，甚至是在他们走路的时候（因为脚也可以做内旋）。在接下来的实验中，你将有机会看到它，并找出如何利用生物力学（研究身体运动的物理学分支）来击败你的对手。

清　　单

◆ 棒球或网球

◆ 开放的空间（后院、操场或者公园）

玩 一 玩

1 用平时惯用的掷球手握住球。

2 让抓着球的手掌心向下。

3 向后笔直抬起掷球手臂，保持手腕稳定，手部不要转动。

温馨提示

确保两次投掷之间的唯一区别在于你是否弹动你的手腕。先来一次不弹动手腕的投掷会容易一些。棒球投手克莱顿·克肖会原谅你的——这是为了科学。

4 在保持手腕不动的情况下，将手臂向前摆并投出球，完成一次普通投掷（手腕不弹动）。

5 记录你将球扔出了多远，然后将球捡起。

6 这一次弹动手腕，再次将球投出（为了公平地进行比较，在两次投球过程中让你的腿保持在同一位置，不要随意移动）。

7 再次记录投掷的距离。

慢动作回放

步骤1到步骤4就相当于"为了保证安全"的服务员上菜式投球：在投掷过程中，你的手腕完全不动。在步骤6，你就像在玩棒球一样投球，让你的手腕向外轻弹来使出力量（如果你是右撇子请用右手，若是左撇子请用左手）。你刚刚自然地使用了内旋技术中所运用的力量，尽管你根本没有意识到。

你会看到第二次投掷的距离更远。这个实验中的距离对应于网球发球的速度。轻弹手腕起了很大的作用！这种快速的轻弹手腕可以突然提升球拍头部移动的速度，而更快的球拍移动速度会转化为更快的发球速度。

网球上为什么有绒毛

"请换新球。"

如果你看一场竞争激烈的网球比赛，你会听到裁判每九局比赛就会发出这个要求。这不是一段很长的时间——有时不超过 15 分钟——但是这是网球运动的规则。为何如此？因为，网球是少数几个会迅速改变其比赛用球性能的运动之一。壁球或美式墙网球使用形状相似但

较小的拍子。网球与这两种运动不同，它依靠的是一种会快速"变坏"的球。网球选手让球疯狂地旋转，无论是正手上旋球，还是反手下旋球，球拍线在滑过球表面时都会停留一段时间。一个"光秃秃"的网球不会产生这样的牵引力，只有带绒毛的毛茸茸的网球才可以。

选拔赛

无论是小威廉姆斯的大力上旋球，还是费德勒的反手下旋球，网球击球都依赖于球拍线对球的控制力。其中的一些控制力来自网球线的张力和材质，但最大的贡献者是球本身。

如果顶级球员在长时间的连续打中来回击球，再加上每次球着地时产生的摩擦，那么这个球的毛茸茸的表面很快就被磨损掉就不足为奇了。还在思考一个球的表面怎么能发挥如此重要的作用吗？试试这个很棒的实验，它让你从球拍线的视角看问题，并帮你掌握这个主题！

清单

◆ 冰块
◆ 两个盘子
◆ 筷子
◆ 面粉

玩 一 玩

1 把冰块放在一个盘子里。

2 尝试用筷子将冰块夹起来——这几乎是不可能的。

温馨提示

筷子是由什么材料制成的并不重要。虽然许多筷子表面都被涂了漆，变得非常光滑，但对这个实验来说却是非常理想的。

③ 在另一个盘子中倒入一些面粉，把冰块放在面粉里滚，直至面粉将冰块完全盖住。

④ 再次尝试用筷子将冰块夹起，这次应该容易多了。

慢动作回放

把冰块想象成一个表面没有绒毛的网球，而筷子起到部分球拍线的作用。网球运动不仅仅是将网球线作为弹送装置把球发射出去，它蕴含着更多科学原理。为了让网球线"抓住"球并让它产生一个带迷惑性的旋转，在球和球拍的碰撞中需要产生相当多的摩擦力。网球上的绒毛提供了这种摩擦力——就像冰块上的面粉提供了摩擦力，使筷子能够夹起它。

相关运动：网球	花费时间：20 分钟

网球场的地面真的很重要吗

冰球是在冰面上玩的，水球是在水池里打的，足球是在草地上踢的，但你可以在超过 160 种不同地面上打网球。（都怪很久以前的那本吹毛求疵、长得离谱的官方规则手册，它忘记提关于网球场地材料的事情了！）事实上，网球四大满贯赛事有着不同特点的场地：慢速硬地、红土、草地、快速硬地。每一种材料的网球场地往往会产生属于它的冠军，如纳达尔被称为"红土之王"，因为网球场的地面决定了比赛的风格。

例如，当球落地时，场地的材料会影响球的反弹高度和速度，留给对手更多（或更少）时间来准备回击。那么，有没有一种方法可以衡量一个网球场的地面材料能够让球速更"快"还是更"慢"？

产生摩擦力

科学家分析了网球场地面的性质，提到两个主要因素：摩擦系数和回弹系数（这里的系数是指衡量事物某个方面的指标）。你知道"摩擦力"是什么，所以在网球场上阻碍运动的力很重要也就不足为奇了。"回弹"实际上就是对表面弹性的一种描述方式。球员经常会说，这是一个"快速"或"慢速"球场。快速球场需要球员有最快的反应能力，因为较低的摩擦系数和回弹系数意味着球的反弹也较少。那么哪种地面的球场是最快的呢？这个实验仔细研究了摩擦系数，并找到了一种有趣的测量方法。

清　单

◆ 有经验的网球运动员
◆ 帮忙的朋友
◆ 光滑的沥青路面（例如停车场）
◆ 新的网球
◆ 秒表
◆ 网球拍
◆ 草垫
◆ 沙子（足够装满约两升的容器）
◆ 铅笔和纸

注意：网球运动员经验越丰富，实验效果就越好，否则就是在浪费时间。

① 在一块空闲的沥青路面上，让球员用球拍往地面上反复击球以适应场地。

② 开始计时，看看球员能在 30 秒内让球回弹多少次。

温馨提示

　　当然，如果你能在真正的（硬地、草地和红土）网球场上做这个实验，实验结果会更加准确，不过很少有人能幸运地做到这一点。

3 再重复4次，记录5次实验中的最高值。

4 现在把草垫放在地面上。

5 重复步骤2和3，得到在草地上球回弹次数的最高值。

6 把垫子移开，在沥青上铺上薄薄的一层沙子，覆盖住类似垫子大小的场地。

7 重复步骤2和3，得到在红土上球回弹次数的最高值。

慢动作回放

尽管你可能无法在真实的网球场上进行这个实验，但这些近似的环境会让你知道它们在摩擦力方面有多大的不同。摩擦力最大的地面最能减缓球的回弹（"回弹次数"最少）。

在真正的比赛中，摩擦力最大的球场（红土）会产生最慢的球速，并在球落地后让它弹得最高。因为减少了动量，导致给对手更多的时间来准备击球。这也导致了较长时间的连续对打，因为很难做到一击制胜。硬地（沥青）的摩擦力较小一些，每个得分点都减少了连续对打的次数。几乎"无摩擦力"的地面是草地，在那里举行的比赛最有看头。下次温布尔登网球公开赛的时候，请仔细观察一下球的反弹，如果草地变湿了，你就有好戏看了——这会让球速变得更快！

高尔夫球能在跑动中击打吗

几乎每一位高尔夫球专家都同意，当你想要开球（每个洞的第一次击球）时，你应该这样做好准备：双脚站定，保持直立，前臂紧靠身体，正确地握杆。只有这样，你才能达到平衡，并将你的挥杆转换成球沿着球道的长距离飞行。真的必须如此吗？广受欢迎的高尔夫运动喜剧片《球场古惑仔》（*Happy Gilmore*）展示了一种与众不同的、成功的击球方法。

主角吉尔莫是一个喜欢暴力击球的冰球运动员。他现在改打高尔夫球，但不是站稳了击球，而是运用他的冰球技巧，在击球前预跑，以提高自己的击球力量。这看起来有些好笑，但快乐的吉尔莫用的方法有什么错呢？验证的时刻到了！

挥杆击球吧

这个实验应该很有趣，因为你会测试一些吉尔莫的非同寻常挥杆的可能性。不过，请记住，所有这些测试都是为了与高尔夫球进行类比。高尔夫球是一项要求距离和准确性的运动。理想情况下，你会找到一个在一次击球中两者兼顾的方法。但你永远不会知道它是否奏效，除非你"挥杆"击球。

清　　单

◆ 一块很大的空地（公园或棒球场外场）
◆ 7 个网球
◆ 两位帮忙的朋友
◆ 足球
◆ 高尔夫球

1 商定一个发球点（起点），并给每个朋友 3 个网球。

2 请一个朋友从发球点向左走 10 步，另一个朋友向右走 10 步。

3 让你的两个朋友都向前走 15 步（彼此之间距离不变），并在停下的位置放下一个网球。

发球点！

温馨提示

　　确保你有足够的空间来做这个实验，不要冒损坏窗户或惹怒邻居的风险。有些小伙伴踢球像发射火箭一样，如果他们没有控制好力量，那才是真正的风险！

4 让两个朋友再向前走 15 步并放下一个网球，最后将第三个网球放在距离第二个网球 15 步处。这些球标记了实验场地的边界。

5 将足球放在开球点上，站定在球前，然后尽可能用力地踢球，但尽量不要让球出界。

6 再次将足球放在开球点上，再次用力踢球，但这一次在踢球前加上助跑。

7 分别用网球和高尔夫球重复步骤 5 和 6。

慢动作回放

在电影《球场古惑仔》中，我们的英雄以他的方式赢得了一场重要的高尔夫球比赛。不过，你可能会发现一些不同的东西。你或许会发现，第二次（带助跑的）踢球获得的距离更长。由牛顿第二运动定律可以预测，更大的加速度会产生更大的力。但是精度呢？想击中高尔夫球，无论是用球杆还是用你的脚都需要精确。所有的高尔夫球高手都知道一点（你可能也发现了）：在助跑中获得的额外距离难以弥补准确性的不足。你有多少次"挥杆"让球落在了界外？

为什么高尔夫球的 表面凹凸不平

高尔夫球最基本的原则是：用最少的击球次数把球打进洞里。一共要打 18 洞，然后累加击球次数，总数越小越好。所以，如果你在一个距离为 450 码的洞的发球点（起点）击球，最好让你第一次击出的球飞得越远越好。这不是问题！但是你的球好像出了点问题——你注意到球的表面凹凸不平，上面布满了酒窝状的小凹陷。

你把手伸到高尔夫球袋里，试图换一个完整没有凹陷的球，但是那个球上也布满了凹陷。这些球是你弟弟塞进袋子里来逗你玩的吗？当然不是，你可以看到其他球员的球上也有这些凹陷。这是怎么回事？

减小尾流

高尔夫球上并不是一直都有那些凹陷。多年来，人们用的都是平滑的高尔夫球。后来有玩家注意到，如果高尔夫球上有一些刮痕或凹陷，它会飞得更远，所以他们开始人为增加球上的刮痕和凹陷。这些都有助于让球飞得更远，但是凹陷的不规则排列让球到处乱飞。于是高尔夫球设计师（以此为生计的人）创造了当前这种"遍布凹陷"的设计。这些凹陷的间隔很有规律，如果你有时间数一下的话，你会发现一个典型的高尔夫球上有336个凹陷（千万不要屏住呼吸来数）。好吧，缺口、刮痕和凹陷都助于球的飞行。但它们是如何起作用的呢？这就是科学的切入点，你可以自己尝试一下。

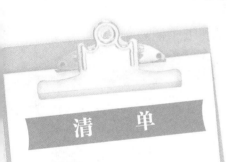

清　单

◆ 剪刀
◆ 大的塑料垃圾袋（除了黑色的都可以，方便你用记号笔做标记）
◆ 圆规
◆ 记号笔
◆ 打孔机
◆ 线
◆ 尺
◆ 废纸篓或小垃圾桶盖（直径约18英寸）
◆ 两个塑料衣夹

1 将塑料袋沿着两条长边剪开，再剪去袋底，得到两片塑料纸。

2 用圆规在一片塑料纸上画一个直径 10 英寸的圆。

3 将圆剪出来，并在圆心处打个洞。

4 沿着圆的边缘在内部均匀地打 6 个洞。

5 剪 6 段 20 英寸长的线，并将 6 段线的一端分别系在 6 个洞上。

6 将废纸篓或垃圾桶盖放在第二片塑料纸上，并沿着其边缘画一个圆。

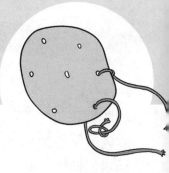

温馨提示

　　这是一个安全的实验，只是要请一位成年人来帮你剪切。

7 在第二片塑料纸上重复步骤 3 至 5。

8 将 6 段线的自由端系在一起，然后对第一个装置也这么做。

9 把塑料衣夹夹在你系的结上。你现在得到了两个重量相同的衣夹降落伞。

10 每只手分别拿着一个降落伞，爬上一把椅子或梯子，让两个降落伞保持在同一高度。

11 数到三，同时松手让两个降落伞降落，观察哪个降落伞先落地。

慢动作回放

你 应该会发现，较小的降落伞先落地，因为它在移动的衣夹后面留下了一个较窄的"尾流"。较大降落伞的更宽的尾流会让物体的速度变得更慢。同样的，高尔夫球上的凹陷会减小飞行中的高尔夫球后的尾流。这些凹陷可以产生一种湍流，使空气更持久地附着在移动的球上，而不是形成一个巨大的 V 形尾流（就像移动的船后面的尾流）。较小的尾流意味着减缓球速的阻力（一种空气阻力）也更小，所以球会飞得更远。

是什么造就了完美的推杆

高尔夫球手热衷于研究球场以及其他高尔夫球手的运动科学，以试图取得优异成绩。正如赛车上的许多工程技术最终被运用到乘用车上一样，许多高尔夫球的运动原理也可以应用于其他运动。例如，在棒球和网球选手开始使用新材料制成的球拍之前几十年，高尔夫球手就已经不使用木质球杆了。

在高尔夫运动的新改进设计中，最受欢迎的元素之一就是推杆。想要看一看并演示一下促进了推杆巨大发展的简单科学原理吗？它可能也会帮助你在迷你高尔夫球场上让球飞过那个该死的风车。

进洞了吗？也许吧

很多高尔夫球击球，成功或失败都在我们一念之间，这是不可避免的事实。人们可以利用心理技巧来想象球洞很大（使推杆变得更容易），但也可能会有一些糟糕的心理障碍，比如在挥杆时手臂总会感觉有点痒，这可能会毁掉一个进球。多年来，高尔夫球杆和高尔夫球已经有了很出色的改善，使击球更加可预测，并能让球走得更远。这个实验证明了一些基本的设计原则是如何使这些变得更容易的。忘掉美国女子公开赛或奥古斯塔大师赛吧。关心一下你在疯狂科恩迷你高尔夫锦标赛上的排名。不要有压力！

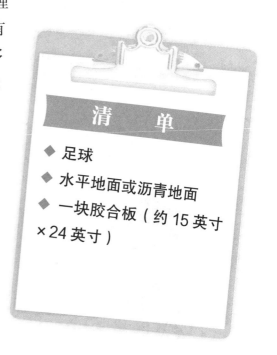

清　单

◆ 足球
◆ 水平地面或沥青地面
◆ 一块胶合板（约 15 英寸 ×24 英寸）

1 把足球放在地上，让它保持静止不动。

2 用一只手拿着胶合板长边的中部。

3 将胶合板放在足球后面（假设足球是高尔夫球，胶合板是推杆面）。

4 把胶合板向后拉，就像将推杆向后摆动一样，然后让它向前摆动，并让它在你手的左边或右边的位置打到球。胶合板应该会微微颤动一下并产生扭转，而球也不会沿直线滚动。

温馨提示

　　如果你找不到合适大小的胶合板（反正也不需要很精确），可以请一位成年人从废弃的胶合板上切一块下来。

⑤ 重新把球摆好，再
来完成一次"偏离
中心"的推杆，但是这次
要用两只手牢牢握住胶合
板的两端。整个过程中推
杆将保持稳定，球也会沿
直线前进。

慢动作回放

这 个实验展示了一个关键的科学原理：转动惯量，或物体对
角（旋转）加速度的阻力的度量。对于高尔夫推杆设计师
来说，转动惯量可以归结为球杆的表面（击球的侧面）在撞击时
的扭转程度。正是这种扭转使击球变得失控，让球偏离了正确的
方向。

老式的"热狗推杆"，就像你经常在迷你高尔夫球场上用的
那种，它的转动惯量很小，这让它用起来非常困难——它就是一
整块金属，没有哪个部分比其他部分更重。击球时，你即使只偏
离中心一点点，也会以这样或那样的方式扭转推杆，就像这个实
验的第一部分所发生的一样。另一方面，现代的推杆拥有很大的
转动惯量，因为它们在（"脚跟"和"脚尖"）两端都比较重，
中间部分的重量不太大，所以击中偏离中心的球时并不会使推杆
扭转太多。

第七章

水上运动

当你发现水上运动的一些令人惊叹的科学事实时，你会在你的朋友圈中造成轰动。你有没有思考过游泳的四种泳姿？哪种泳姿最快？为什么？什么年纪最适合玩冲浪？哦，这里还有一个多年来一直困扰着人们（和一些科学家）的问题：如何才能让帆船逆风航行？

所有这些问题都有一个科学的答案，你将有机会探索这些答案的实用性。一旦你阅读了这些条目，你会想要"立即投入"并进行实验。

这本书最后谈到的运动是跳水，并以一个研究疼痛的实验结束：为什么跳水时肚皮着水会那么疼？这是一个典型的对大多数人来说都意义重大的"运动与科学"问题。一旦我们知道了答案，就能给我们的肚子减轻极大的痛苦。

为什么有些泳姿游得更快

当奥运会上的游泳选手在 50 米长的泳池中比赛时，他们会以极快的速度完成一圈又一圈，让观众的脑袋转来转去。但是如果你仔细观察，你会发现对四种主要的竞赛泳姿：自由泳（也叫爬泳）、蝶泳、仰泳和蛙泳，单圈计时的差异很大。这是因为每一种泳姿都会在向前

推进和减少水的阻力上达到一个独特的平衡。与许多其他运动一样，研究游泳健将的技术可以帮助我们自己缩短游一圈的时间。

不要弄丢弹珠

许多因素导致采用一些泳姿会比采用其他泳姿更快或更慢。每一种泳姿的规则限制了游泳运动员的姿势和技术，这些都会影响他们的游泳时间。例如，在蛙泳中，你的手臂必须始终保持在水里——正如你将要看到的，它会使你速度变慢。蝶泳也会限制你的速度，让你的胸部像一条老驳船一般破浪前行。还有一点值得你思考：加勒比海的飞鱼是世界上运动速度最快的动物之一，它们的速度更多来自穿越空气而不是穿越水。在水里穿越真的会慢很多吗？一个快速的实验将帮助你进行判断。

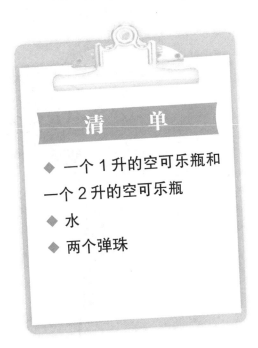

清　单

◆ 一个 1 升的空可乐瓶和一个 2 升的空可乐瓶
◆ 水
◆ 两个弹珠

1 将 1 升的可乐瓶装满水。

2 将两个瓶子放在一起。

3 双手各抓住一个弹珠，挪到两个瓶口上。

4 数到三，同时松手，放开弹珠。

5 注意哪个弹珠先落到瓶底。

确保你松手之前把弹珠放在紧贴于水面的位置，否则溅起的水花会影响它下沉的方式，并破坏实验的结果。

慢动作回放

你 证明了水比空气产生的阻力要大得多。穿过空气的弹珠轻松获胜，即使空瓶的容积是装满水的瓶子容积的两倍。所以你可以明白，为什么让你的手臂始终保持在水里的蛙泳是最慢的泳姿。你的手臂需要朝着运动的方向前进，并且由于水的阻力而变慢。其他三种竞赛泳姿——自由泳、蝶泳和仰泳——都比蛙泳更快，因为当你完成一次划水后，你的手臂是在空气中移动。

相关运动：帆船	花费时间：20 分钟

帆船如何逆风航行

你可曾想过，那些巨大的、装备齐全的帆船是如何根据船长的指令航行到目的地的？毕竟，船不能只是等待风把它们吹向正确的方向。

事实上，那些在海滩和湖边的大大小小的运动用帆船是不是也会面临同样的问题？当然，你很容易就能明白如何利用微风让帆船顺风航行。

但是，水手们是如何做到逆风航行的呢？发现有一个科学的答案，你一定不会惊讶——你可以自己测试它。

随风漂移

是的，逆风航行是有可能的，但是不能直面风向。没有人能那么做，就算是哥伦布、麦哲伦，或者是杰克船长都不行。几千年来，水手们已经找到了解决这个问题的方法，即使他们并没有从物理学的角度来考虑问题。逆风向前的秘诀是"抢风"航行——在风中以之字形前进，一直走斜线。每一段之字形路程都被称为"受风"。右舷受风时，风从帆船右侧吹来，然后帆船换向变成左舷受风。

在每一段受风路程中，风都会把船帆推开。现在又该牛顿爵士出场了。你应该记得"对于每一个作用力，都会存在一个方向相反、大小相等的反作用力"（牛顿第三运动定律）。迎面而来的风从刚刚被它鼓起的帆上离开时不得不改变方向，这导致了帆船的侧向漂移。但是，帆船在水下的鳍状龙骨，提供了与改变方向的风"方向相反的反作用力"。这两种力相互抵消，剩下的力推动帆船向前。通过接下来的实验，你可以用一种更简单的方法了解风离开帆时是如何改变方向的。

清　　单

- 杂志
- 光滑的桌面
- 乒乓球

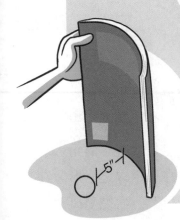

1 将杂志竖直放置，使其立于桌面上。（这是逆风驶来的帆船上的帆。）

2 稍微弯曲一下杂志，你面对着曲面内部。如果你从上往下看，并让杂志的书脊指向你，那么它应该像大写的字母 C。

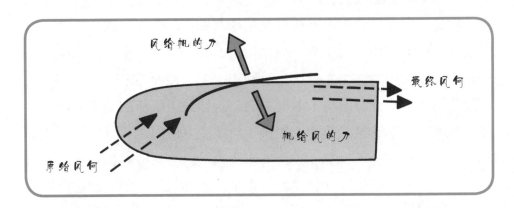

温馨提示

你可能需要反复调整角度才能正确完成实验。但回报是值得的！

3 把球放在离杂志中心约 5 英寸的桌面上。

4 蹲下来，让你的嘴处于桌面高度，
然后向杂志的弯曲面吹气。

5 球应该会直直地向杂志右侧滚动，
而不是像你预料的那样斜着滚动。

慢动作回放

你 刚刚看到了帮助动力帆船逆风航行的作用力与反作用力的
一部分。球被直直地吹向右侧。如果你吹的力气足够大，
你会看到杂志像帆船一样鼓起来。但这只是整个情景的一部分，
否则船将沿着对角线前进。这就是为什么船都有很深的龙骨（从
船的底部伸出来的木脊），它起到对抗这种对角运动的刹车作用。
牛顿再一次出场了。鼓起的船帆驱使船沿对角线运动，但是龙骨
又提供了大小相等的反作用力，那么船究竟会向哪里运动呢？ 当
然是向前！

下面是一个额外的实验：想象一下在你的拇指和食指之间夹
着一个弹珠——好比船帆和龙骨的两种力量施加在弹珠上。继续
挤压，弹珠最终会弹出去，就像船一样！

相关运动：冲浪	花费时间：5 分钟

小孩子是不是更容易 "驾驭浪花"

也许你在电视上或沙滩上看到过冲浪者，他们踏着冲浪板，玩一些扭转身体的把戏。也许你已经尝试过了人体冲浪，跃上 30 英尺高的充满泡沫的浪花。

所以，当你的哥哥说你太小，不能和他一起去冲浪时，你非常生气。他甚至没有给出一个很好的理由，更不用说一个科学的解释了！嗯……也许那些运动定律是站在你这边的……

质量分布问题

这里有一个好消息：年纪小的人更容易驾驭小的波浪。这些小波浪产生的力量只够推动一个质量小的孩子，而不足以推动一个质量大的成年人。但这里还有一个坏消息：成年人的重心较低，因此更容易玩冲浪，因为他们有更好的平衡性和机动性。随着你的成长，你的重心会变低——我们的头部首先发育（让我们变得有点"头重脚轻"），然后身体的其他部分才会赶上来。所以事实可能是对你玩冲浪不利的。不过下面的实验可以让你的哥哥知道，当他的女朋友在玩冲浪时，他可能在陆地上待着会更好。

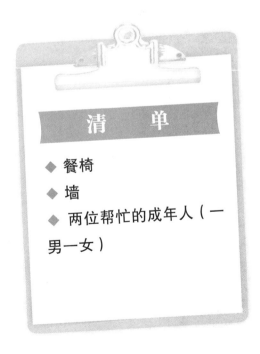

清　单

◆ 餐椅

◆ 墙

◆ 两位帮忙的成年人（一男一女）

1 把椅子的一侧朝向墙壁。

2 让男士先做。请他面向墙站立，脚站在椅子侧面之后一英尺。然后，让他的背部保持平直，身体向前倾斜，直到他的头碰到墙壁。

3 保持"头靠墙"的姿势，双臂向下，抓住椅子，然后试着挺直身子。这几乎是不可能做到的。

温馨提示

确保椅子不是太高，一把折叠椅（或类似大小的椅子）就非常适用于这个实验。

④ 再次把椅子放好，
让女士做步骤 2 和
3。她应该能做到的。

慢动作回放

重心在我们的生活中扮演着重要的角色，你们刚刚看到了一个例子。男士和女士的身体形态是不同的（啊哈！），它影响着身体重心的位置。与男性相比，女性的多数肌组织位置更低，这降低了她的重心。所以当男士向前倾时，他的重心稳定在椅子的上方，这使得他几乎不可能抬起椅子并挺直身子。女士的重心离臀部更近，所以处于她的脚的上方，这使她更容易抬起椅子并挺直身子。所以你哥哥的女朋友在玩冲浪时拥有重心的优势，你觉得哥哥会怎么认为？

| 相关运动：打水漂 | 花费时间：30 分钟 |

石块为什么会连跳

　　科学解释了我们这个世界的许多问题。许多"大问题"都包括在其中，比如为什么地球围绕太阳转，植物如何借助阳光制造养料，或者光速究竟是多少。但是，一个看似简单的活动却让伟大的思想家们困惑了几个世纪：打水漂的科学。我们大多数人都玩过，或者至少尝试过。有时我们成功地让石块连跳了四五次，并想知道世界纪录保持者是如何做到连跳 88 次的。但无论是跳了几次，还是接近 100 次，或者只是激起一个大水花，这里究竟发生了什么？

击打的角度

我们确定知道的是：石块击打水面，产生了一个向下的力。表面张力（它使水表面更牢固）会阻止石块穿透过多，而水产生了一个方向相反的向上的反作用力（牛顿第三运动定律）。但是，第一次撞击（用科学术语来说是碰撞）并不是完全弹性的，石块的一些动能在噪音、溅起水花和振动中被消耗，所以速度会减慢一些。 与此同时，你的手腕轻弹让石块产生旋转，这有助于它保持接近水平的姿态进入下一跳。但最终，石块会失去水平的姿态，直接落入水中。

获得多次跳跃的关键是使用一块扁平的石块，并给它一个很大的初速度，让它快速旋转。但是，如果你想在明年的苏格兰世界打水漂冠军赛（是的，真有这个比赛）中获胜，你将不得不考虑另一个因素，那是建造了一台打水漂机（是的，这也是真的）的一群法国科学家发现的。在这个实验中你也会发现它。

清　单

◆ 打印纸大小的硬纸板

◆ 量角器

◆ 尺

◆ 铅笔或钢笔

◆ 剪刀

◆ 平静的水域（如湖泊、池塘、海湾或港口）

◆ 约 150 克重的扁平石块

◆ 有力的手臂

玩 一 玩

1 把硬纸板放在桌面上，把量角器直径中心对准它的左下角。

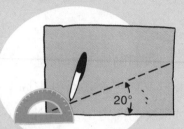

2 在 20° 的地方做一个标记，移开量角器，然后用尺从左下角向标记处连一条直线。

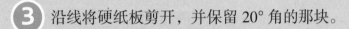

3 沿线将硬纸板剪开，并保留 20° 角的那块。

4 走到水边，像平时一样打水漂。看看你在 5 次尝试中取得的最好成绩是多少。

5 现在，把硬纸板直立在水边的地面上，拿起石块并放在顶边上：这将告诉你，当石块接近水面时，什么样的角度是 20°。

温馨提示

打水漂的警示？得了吧，别开玩笑！好吧，在 15 到 20 次投掷之后放松一下。你的手臂会有些酸痛（就像一个在比赛中多次投球的投手）。但是你总可以从参与实验的朋友那里寻求帮助。

6 请在你的脑海中记住这个角度，虽然很难做到精确，但要尽力而为。

7 现在再试 5 次，在你投掷石块的时候蹲低身体靠近水面，试着投出 20° 角。

8 尝试 5 个不同角度的投掷（一些远离 20°，一些接近 20°），观察哪一个角度能产生最好的结果。

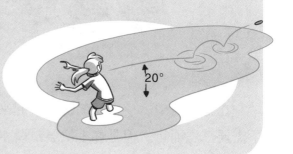

慢动作回放

那些法国科学家测试了各种影响因素来找出最佳打水漂方式：水温、气温、旋转速度、投掷速度、石块的形状和重量。但"投掷角度"的影响力超过了所有这些因素，它就是石块与水面相撞时的角度。而容易产生最好结果的角度是 20°。

小于 20° 的角度让石块直接切入水中，通常一次也没有跳起来。大于 20° 的角度使石块以很大的坡度飞起落下，然后扑通落入水中。20° 的打水漂在表面张力的帮助下获得了反弹，而这个角度仍然足以让石块继续向前飞行。检验一下，看看你是否同意那些法国伙伴的结论。

相关运动：跳水	花费时间：5 分钟

为什么跳水时肚皮先着水会那么疼

在游泳池中，一米高的跳板看起来很容易玩，让你在跳水时根本不需要三思而行。但是你上次尝试跳水后，胸部和胃部疼得厉害，而且身体前面的皮肤像被严重晒伤一样（还有红肿）。

你难道还想冒着承受疼痛的危险再来一次吗？要是有什么办法能找出导致肚子着水时疼痛的原因，以及知道如何预防，那就太好了。毕竟，奥运选手是从 5 米和 10 米高的跳台跳水，而你并没有看到他们中的很多人在跳下来后哭鼻子。在墨西哥的阿卡普尔科，那些从 115 英尺高的悬崖上往下跳水的人又会怎么样呢？

克服表面张力

跳水运动的背后有很多科学知识，但是对"肚皮着水"来说，关键问题在于你落水时水面的性质。当你接近水面的时候，你的身体带有很大的动能。当你的肚皮先着水时，你的运动突然停止，动能转化为其他形式的能量，如声音（水花飞溅的噪音）、其他动能（水波涌动）和热量（你胸部感觉到的灼热）。

这一切都取决于水的表面和你的入水部位。化学键增强了水的表面张力，使得像肚皮这样大的表面入水时接触到的几乎是坚实的东西。更窄小的入水部位，例如你合在一起的双手，可以帮助你"切开"那些化学键，让你入水时不会疼。让我们仔细研究一番，完成整个实验之后，你可能会成为一名公认的肚皮着水学专家。

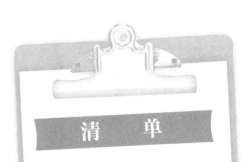

清　单

◆ 搅拌碗

◆ 回形针

◆ 纸巾或洗碗巾

◆ 冷水

1 在搅拌碗中加入 2/3 的冷水。

2 将回形针垂直地拿到搅拌碗上方，松开手，让它落下。它应该会直直地往下沉。

3 取出回形针，用纸巾擦干，然后弯曲它的一端，使得当回形针放在桌面上时，这一端会向上指。

温馨提示

在你第二次放下回形针之前，一定要确保水面再次恢复平静（步骤 4）。作为一名优秀的科学家，你要努力确保两次放下回形针时的客观条件是相同的。

4 等搅拌碗里的水面恢复平静后，抓住回形针被你弯曲的一端。

5 将回形针慢慢放下，直到回形针接触到水的表面。松开手，回形针会漂浮在水面上。

慢动作回放

表面张力是化学过程的结果，它让你着水时感觉水面几乎是固体状态。水是由氢原子和氧原子构成的（它的化学分子式是 H_2O）。氢键使水分子之间形成结合力，当水面平静时，这种结合力会变得特别强。如果让你的手以窄小的接触面入水（或者让回形针垂直地入水），这种结合力很容易被破坏。但是，如果你横着身体"撞向"水面（或者让回形针"肚皮着水"），那么你就是在对抗一堵氢键墙。当你撞上它的时候，你肯定能够感觉到。

如果你仔细观看跳水比赛，你会看到不断有水流入池中，产生一些涟漪，这足以破坏水的表面张力。所以，尽管跳水运动员通常会以最佳角度进入水中，但如果他们有点偏离目标，至少水的表面不会像一堵墙一般坚硬。

后　记

　　无论是橄榄球队的连胜纪录、体操运动员的完美 10 分，还是网球明星在大满贯赛事中的无数个 ACE 球，许多运动成就似乎都难以解释。是大量的训练和练习，还是仅仅靠运气就能让一切不同？ 或许看了前面的那些内容，你相信是与科学有关的一些东西，可能是秘密所在！

　　你可能永远不会爬上山顶去完成你的第一次跳台滑雪，对于在赛道上以每小时 100 英里的速度飞驰或者徒手劈断一堆木板，你可能也会三思而后行。但在读了这本书之后，你应该对科学是如何帮助运动员取得那些激动人心的成绩有了更深刻的认识。不仅如此，你可能已经开始将一些科学原理运用到贴近生活的体育活动中了。

　　伯努利原理有助于飞机起飞和保持赛车的稳定，同时它也解释了曲线球和角球如何能玩得更加出色。蹦床展示了弹性碰撞，这看起来很有道理，但现在你还知道，让垒球飞出一条令人满意的线路依赖于同样的科学原理。还有牛顿第二运动定律、能量守恒、动量……这张科学原理以及它们在体育运动中的应用的清单可以一直列下去。

　　你还会有意外的收获。总有一天你会在科学课上遇到一些科学术语。让其他人去头痛马格纳斯效应或角动量是什么吧。你只需要点点头，微微一笑，并想想指关节球、螺旋式传球和不停旋转的花样滑冰选手。

　　也许这本书在学校课堂上也会给你带来好运气。谁知道呢？ 玩得开心！

图书在版编目（CIP）数据

挑战运动极限：54个明星云集的实验/（美）肖恩·康诺利著；王祖浩等译.—上海：上海科技教育出版社，2020.6
（惊险至极的科学）
书名原文：WILDLY SPECTACULAR SPORTS SCIENCE
ISBN 978-7-5428-7251-7

Ⅰ.①挑… Ⅱ.①肖… ②王… Ⅲ.①科学实验—普及读物 Ⅳ.①N33-49

中国版本图书馆CIP数据核字（2020）第055563号

责任编辑　卢　源
装帧设计　符　劼

惊险至极的科学
挑战运动极限——54个明星云集的实验
［美］肖恩·康诺利（Sean Conolly）　著
王祖浩　徐小迪　张若青　叶梦倩　译

上海科技教育出版社有限公司出版发行
（上海市柳州路218号　邮政编码200235）
www.sste.com　www.ewen.co
各地新华书店经销　启东市人民印刷有限公司印刷
ISBN 978-7-5428-7251-7/G·4249
图字 09-2012-041

开本 720×1000　1/16　印张 15.5
2020年6月第1版　2020年6月第1次印刷
定价：55.00元